Materials & Spatial Qualities in Architecture
공간을 감각하는 재료들

노형준
+
Y.A.R.D

[ ]

Contents

Prologue **004**

PRINCIPLES

재료로 짓고, 구법으로 다듬다 **006**

1-1 재료와 교감, 공간의 뉘앙스 **007**
자연의 소재가 만드는 공간의 조화
회화와 빛으로 채워진 공간의 경험
새로운 소재가 이끄는 공간의 혁신

1-2 재료의 기원, 공간의 감각 **009**
강철과 금속 / 유리 / 콘크리트 / 나무 / 돌 / 벽돌

1-3 재료와 구축, 공간의 문법 **019**
구조 / 절연 / 물 관련

WOOD

책으로 향하는 산책길 **028**
깔때기 구조를 활용한 천창과 놀이 공간 **034**
박제되지 않은 문화재 공간 **044**
하늘과 별이 보이는 숲속 노천탕 **052**

STONE & BRICK

개비온을 활용한 조각된 빛의 공간 **060**
사람과 동물을 이어주는 붉은 산책로 **068**
관계의 밀도를 높이는 원형 공간 **076**
돌을 쌓아 만드는 도시풍경 **088**

METAL

빛의 산란을 활용한 경계없는 공간	096
빛으로 만드는 홍대 거리 중심성	104
기능을 고려한 비정형 공간	114
기둥을 최소화하는 현수 구조	122
외부를 닮고 싶은 내부 공간	132

CONCRETE

수평확장된 커뮤니티 공간	142
완만한 물결이 만드는 놀이 공간	152
차경으로 계절의 변화를 담는 공간	158
휘어진 공간과 빛의 경험	164

GLASS

빛의 반사로 석양을 담은 입면	174
소리에 집중하는 공간	184
도시의 새로운 풍경을 만드는 기울어진 파사드	190
선명한 풍경의 공간	198

PLASTIC

조명이 된 도시 속 입면	208
움직이는 캐빈의 공간 여정	216

Material Index	222
Project List	228
Epilogue	230

Prologue

이 책은 건축에 관심을 가진 후학들을 위한 참조서(Reference)입니다. 우리는 '재료(Material)'라는 주제를 통해 '공간의 가치(Spatial Quality)'를 어떻게 구현할 수 있는지에 대해 집중합니다. 이를 위해 '건축의 재료/소재'를 선정하고, 구축의 방법을 연구하며, 이에 따른 디테일(Detail)을 제안합니다. 여기서 말하는 건축의 재료는 사람이 정주하는 공간을 구성하는 인자들을 의미합니다. 철, 유리, 돌과 같은 소재에서부터 그것들을 하나의 프로젝트로 결합시키는 구법이나 공법 그리고 회화와 장식, 빛과 소리, 향(냄새)까지도 '재료'의 범주로 정의합니다.

우리가 만나는 건축은 그 형태를 떠나 재료를 통해 인식하게 됩니다. 빛의 굴절과 시각적 변화 그리고 소리의 울림과 온·습도 등은 재료의 종류와 활용 방식에 따라 공간의 감성이 달라집니다. 결국 건축가는 '소재'를 가지고 '구법(Architectural assemblies)'이라는 기술적 방식으로 '공간'을 경험하도록 만드는 사람이라 생각합니다. 어떤 성격의 공간을 규정하고 제안하는지, 어떤 감성을 느낄 수 있는 공간인지에 대해 건축가는 늘 고민해야 합니다.

노형준
SBA. BNA. ir. MA.

이 책은 구축(Building)을 위한 디테일(Detail, The idea of craft)을 제안하고, 재료들을 어떻게 하나의 건축으로 만들 수 있을까를 고민하며, 의도한 경험을 공간으로 구현할 수 있는가에 집중했습니다. 그리고 건축의 언어와 미적 법칙보다는 공간의 기능(Function)과 가치(Value of Quality)를 먼저 고려했습니다. 또한, 재료와 구조가 주는 상상력과 물성을 활용하여 공간에 적용하거나, 다르게 조합하는 접근법을 제안했습니다. 이를 위해 건축과 기계, 조명과 가구 등의 기술적 논리(Logic) 등을 응용했으며 상세 도면과 모형을 통해 프로젝트의 이해를 돕고자 했습니다.

여기 수록된 사례는 '건축 재료' 강의와 워크숍을 통해 제가 지도한 학생들의 연구 결과물입니다. 2016년 첫 수업부터 지금까지 재료를 통해 공간적 아이디어를 구축하는 데에 초점이 맞추어져 있으며 학생들은 이러한 구성을 이해하고 작업을 수행했습니다. 마지막으로 이 강의가 시작되고 지속될 수 있도록 지원해주신 연세대학교 건축공학과와 제게 처음 건축에 입문하도록 가르침을 주신 김용승 교수님 그리고 지난 20여 년간 토론과 자극을 통해 디테일과 공간에 대한 교훈을 주신 김필수, 은정수 선배님께 깊이 감사드립니다.

PRINCIPLES

재료로 짓고, 구법으로 다듬다
Crafted from materials, Shaped by techniques

1-1.
재료와 교감, 공간의 뉘앙스

요리사와 건축가의 '일'에는 유사점이 많습니다. 요리사는 식재료(Materials)를 이용해 음식(Design)을 만들고 궁극적으로 '맛의 경험'을 손님에게 전달하는 사람입니다. 건축가는 자재(Materials)를 활용해 형태(Design)를 만들고 의도한 '공간의 가치'를 제안합니다. 요리사가 인상적인 맛을 기억하고 레퍼런스를 쌓아 자신만의 요리를 완성해가듯 건축가도 행복한 공간의 경험을 쌓아 하나의 건축적 스타일을 만들어 갈 수 있다고 생각합니다. 그러므로 건축가에게는 많은 공간적 경험과 예민한 관찰력이 요구되고 재료가 가진 물리적, 감성적 가치를 이해해야 하며 기계적 성질을 다룰 수 있는 역량이 필요합니다. 이처럼 요리와 건축은 각각 다른 방식으로 인간의 감각과 경험에 관여하지만, 재료를 다루고 의미를 부여하는 과정에서 공통점을 지닙니다.

자연의 소재가 만드는 공간의 조화

캐나다 로키산맥에는 옥빛(Turquoise Colour)의 빙하 호수가 있습니다. 호수의 신비한 색감은 블루와 그린의 중간 빛[1]을 띠지만, 사실 물 자체에는 색이 없습니다. 흘러내린 빙하에 섞인 광물과 호수 바닥의 암석 종류가 빛을 만나 굴절되는 현상에서 영롱한 옥빛을 자아냅니다. 일본의 음악가 유키 구라모토는 이 호수의 공간적 경험을 'Lake Louis'라는 연주곡으로 남기기도 했습니다. 아프리카 모로코 사하라 사막에서는 신비로운 보랏빛의 노을(Violet Dusk)을 볼 수 있습니다. 해 질 녘 검푸른 하늘과 붉은 석양이 모래에서 반사되는 빛과 어우러지면서 노란 빛이 붉게 그리고 다양한 스펙트럼의 보랏빛으로 바뀌어 환상적인 노을을 만들어냅니다. 영국의 시인 엘리엇(T.S Eliot)은 해 질 녘 저녁을 변화의 상징인 '보랏빛 시간(VIolet Hour)'으로 표현했습니다. 그의 표현처럼 사막의 석양은 빛과 어둠의 교차로 신비한 경계의 순간을 보여줍니다. 이렇듯 옥빛의 호수와 보랏빛 노을은 우리가 익히 알고 있는 호수와 하늘의 모습을 뛰어넘어 독특한 감흥을 남깁니다. 이는 '대자연'이 소재를 통해 연출하는 공간적 경험이라 할 수 있습니다.

---

[1] 빛의 색과 물리적 색은 다르다. '빛의 삼원색(RGB)'은 빨강(Red), 초록(Green), 파랑(Blue)이며, 가산 혼합을 통해 색을 섞을수록 밝아져 최종적으로 흰색(투명한 느낌)이 된다. 반면, '물리적 색의 삼원색(CMY)'은 파랑(Cyan), 빨강(Magenta), 노랑이며, 감산 혼합을 통해 색을 섞을수록 어두워져 최종적으로 검은색이 된다.

회화와 빛으로 채워진 공간의 경험

로마의 산티냐치오(Sant'Ignazio) 성당에서는 원근법을 이용한 천장화로 사람들의 발길이 끊이지 않습니다. 이 회화적 연출은 2차원 평면(천장)에서 마치 지붕을 뚫고 하늘(천국)로 이어지는 듯한 착시 효과를 만들어 공간을 시각적으로 확장합니다. 이러한 건축적 요소는 내부 공간을 종교적 경험으로 승화시키는 데 기여했으며, 회화가 한때 공간을 연출하는 주요 매개체였다는 것을 보여줍니다. 이외에도 중세 유럽의 성당에서는 신앙적 맥락에 부합하는 '빛'을 공간의 주제(Theme)로 다뤘습니다. 파리 노트르담 성당의 스테인드글라스(Stained glass)는 색과 빛을 변주하며 신비롭고 성스러운 분위기를 강조하는 반면, 노르웨이 스태브 교회(Stave Church)[2]의 나무 구조는 질감에 따라 빛을 부드럽게 확산시키며 명상적인 분위기를 형성합니다. 특히 해가 짧은 이 지역의 동절기 특성상 빛은 공간을 종교적 경험으로 몰입할 수 있도록 이끌었습니다. 이렇게 빛은 반사되거나 투영되는 물질의 성질에 따라 '공간의 뉘앙스'가 다르게 연출되므로 재료의 선택은 중요했습니다.

새로운 소재가 이끄는 공간의 혁신

르 코르뷔지에(Le Corbusier)는 산업혁명으로 개발된 강철을 구조재로 도입하여 건축의 새로운 가능성을 열었습니다. 그는 어머니를 위해 지은 스위스 레만호숫가의 주택에서 호수와 건너편 산 전망을 온전히 실내로 가져오기 위해 11m에 달하는 긴 수평 창을 제안했습니다. 상부 하중을 견디기 위한 철제 보강 구조는 건축의 구조적 요소로 계획되었으며 11m의 개구부(Open cut)를 지지대 없이 하나의 창으로 만들었습니다. 이러한 디자인은 기둥(또는 벽)과 입면이 일치하던 이전의 건축 구조에서는 상상할 수 없는 혁신이었습니다. 아마도 그의 어머니는 하나의 긴 프레임으로 실내에서 외부 전망을 경험한 최초의 사람이었을 것입니다. 또한, 20세기 건축가들은 기술의 진보로 탄생한 투명한 유리를 차용해 공간의 내·외부 경계를 허물었습니다. 미스 반 데어 로에(Mies van der Rohe)와 필립 존슨(Philip Johnson)은 각각 판스워스 하우스(Farnsworth house)와 글라스 하우스(Glass house)를 통해 이전과 다른 투명한 벽을 설계했습니다. 이는 주변의 자연을 실내로 끌어들여 거주자가 자연과 온전히 연결된 느낌을 받으며, 집이 마치 풍경 속에 떠 있는 듯한 효과를 경험하도록 했습니다. 이렇듯 건축의 재료는 물리적 구조나 외피 그리고 마감으로 그치지 않고 인식의 영역을 넓혀 '공간의 질적 가치'와의 인과관계를 형성합니다. 그러므로 재료는 건축가가 어떻게 해석하고 활용하느냐에 따라 매개체로서의 가치가 결정된다고 할 수 있습니다.

---

[2] 스태브 교회는 12~13세기 북유럽에서 볼 수 있는 목조 성당 건축양식으로 못을 사용하지 않고 목재를 정교하게 끼워 맞추는 방식으로 건축되었다. 노르웨이의 '롬 스태브 교회(Lom Stave Church)'가 대표적이다.

1-2.
재료의 기원, 공간의 감각

재료는 자연에서 비롯되어, 기술 발전과 시대적 요구를 반영하며 건축적 용도로 정제되고 발전해 왔습니다. 각각의 소재는 구조적, 기능적, 미적 가능성을 확장하며 건축의 형태와 공간의 경험을 형성하는 요소로 작용합니다. 철의 역사는 오래되었지만 산업 혁명 이후 건축에 도입되어 구조적 혁신을 가져왔고, 유리는 개방성과 투명성으로 시각적 연결성과 채광을 극대화하는 재료로 자리 잡았습니다. 콘크리트는 강도와 내구성 그리고 뛰어난 내화성으로 건축 설계의 자유도를 높였으며 나무는 유연성과 단열성을 보여주는 재료로 활용되었습니다. 아울러 돌은 견고함과 영속성을 바탕으로 고대부터 건축에 사용되었으며, 흙은 벽돌을 통해 지속 가능한 건축 요소로 자리 잡았습니다. 이러한 소재들은 물리적 속성을 고려하여 적용을 위한 '구법'으로 진화하며 공간이 전달하고자 하는 메시지와 경험을 결정하는 역할을 해왔습니다. 가구식 구법의 GC프로쏘 뮤지엄 리서치센터(GC Prostho Museum Research Center, Kuma Kengo)는 목재를 X, Y, Z축 방향으로 결합하여 질서 있게 반복 확장되는 공간을 보여 줍니다. 3차원 나무격자 그리드 사이로 들어오는 빛의 질감은 직사광선과 다른 뉘앙스의 공간을 구성하며 색다른 경험을 만듭니다. 아울러 재생 가능한 재료를 통해 '지속 가능성'이라는 시대적 키워드로 재료와 공간의 관계를 보여줍니다.

강철과 금속_Steel & Metal

인류 문명을 재료의 관점에서 분류하면 우리는 여전히 철기 시대에 살고 있습니다. 지금의 철은 '산업의 쌀', '금속의 왕'이라 불릴 만큼 널리 쓰이지만, 초기에는 단점이 많은 소재였습니다. 청동보다 무르고 녹이 슬며, 구리보다 높은 온도에서 녹아 가공이 어려운 금속이었습니다. 그러나 철에 탄소 성분을 섞어 개량하여 만든 가볍고 단단한 '강철'[3]의 발견은 인류 역사에 획기적인 전환점이 되었습니다. 이러한 발견으로 중세 시대의 철은 무기로 많이 활용되었습니다. 아서왕(King Arthur)의 전설에 등장하는 엑스칼리버 검이나 사무라이의 칼은 당시 기술력으로는 혁신적인 강성을 갖춘 무기였으며 군주들이 갈망하는 신소재였습니다. 그러나, 건축의 재료로 활용하기에는 그 길이와 강성이 충분하지 않았습니다. 그 후 산업혁명 시기인 1855년 영국의 헨리 베서머(Henry Bessemer)가 개발한 제강법(Bessemer process)은 강철의 강성을 비약적으로 높이면서도 대량 생산이 가능했습니다. 이때부터 건축에 도입된 철은 강철 구조를 활용한 고층 빌딩과 대형 구조물의 출현을 가속화 시켰으며 19세기 후반 에펠탑과 현대 건축의 철근콘크리트를 통해 과거와 다른 가능성을 보여주었습니다.

[3] 철(Iron)과 강철(Steel)은 다르다. 강철은 철을 산소와 결합해 탄소 함량을 조절하고 불순물을 제거해 만든다. 크롬, 니켈, 망간 등의 원소를 첨가해 합금으로 만드는 과정에서 강철의 특성을 개선한다. 스테인리스 스틸은 크롬 함량이 높은 강철 합금이다. 철은 철골, 철근콘크리트(Reinforced Concrete) 등 구조재의 근간이 된다.

이러한 기술혁신을 통해 진화한 강철은 건축, 기계, 철도, 자동차, 선박 등의 주재료로 도시와 건축 공간을 수평(Horizontal), 수직(Vertical) 방향으로 변화시켰습니다. 엔진, 철도, 선박, 자동차와 같은 수단은 공간의 이동 시간을 단축하여 지역 간 교류를 증대시키면서 도시 영역의 수평 확장을 주도했습니다. 또한 강철의 한 종류인 스테인리스 스틸과 구리, 동과 같은 금속재는 다양한 직경의 파이프(Pipe)로 활용되면서 수도, 전기, 공조 설비 등을 벽과 건물 내부에 설치할 수 있게함으로써[4] 오늘날 수직 고밀화 도시를 형성하는 데 중요한 역할을 했습니다. 강철을 활용한 구조의 또 다른 특징은 창의 크기를 자유롭게 만들 수 있다는 점이었습니다. 이전 시대에는 주로 목재나 돌 등이 내력벽 구조를 이루고 있어 창(개구부)을 벽에 원하는 크기만큼 뚫을 수 없었지만, 수직, 수평 방향에서 하중을 효과적으로 지지할 수 있는 철제 구조는 벽 전체가 구조적 제약에서 벗어날 수 있었습니다. 이를 통해 자유로워진 입면[5]은 산업혁명의 또 다른 성과인 투명한 유리를 도입해 실내에서도 외부를 전망할 수 있는 혁신적인 공간 구성이 가능해졌습니다. 이러한 변화는 실내·외 경계를 유연하게 만들고 교감을 늘려 사람과 사람 간의 공간 거리를 축소하는 효과를 가져왔으며, 나아가 소통을 쉽게 하여 더 많은 정보의 교류가 활성화되는 결과를 만들었습니다. 이는 그 후 나타날 정보화 사회의 개념에도 실마리를 제공했다고 볼 수 있습니다.
이와 같은 소재의 변화는 건축과 도시 구조의 변화를 불러오면서 공간과 인류의 삶의 방식에 영향을 미치게 되었습니다. 이외에도 철의 용도는 구조적 역할뿐 아니라 감성적 영향을 미치는 내·외부 마감재로도 활용됩니다. 질감에 따라 선명한 반사 효과를 낼 수 있고, 은은한 빛을 표현할 수 있는 스테인리스 스틸은 다양한 미적 연출이 가능합니다. 일본의 건축가 사나(SANAA)는 프랑스 랑스(Lens)에 위치한 루브르 박물관(Louvre museum) 분관에서 은은한 반사의 성질을 갖는 '헤어라인 텍스처(Hairline textured) 스테인리스 스틸'[6]을 사용했습니다. 미세한 스크래치 가공으로 은은한 반사 효과를 갖는 이 소재는 풍경을 해치지 않으면서도 건축의 입면을 자연의 일부로 만들고 내부에서는 전시 공간을 반사해 경계가 확장되는 공간적 경험을 만듭니다. 또한 시간의 흐름에 따라 질감이 변하는 코르텐

---

4) 19세기 중반 미국 시카고의 엘리스 체스브로 같은 혁신적인 토목공학자들 덕분에 도시 지하에 상하수도 기반 시설이 갖춰지면서 사람들은 고층 빌딩에서도 욕조를 채울 만큼의 수량을 집 안까지 끌어올 수 있었다. 그러나 이때 강한 수압을 견디는 소재의 금속제 파이프들이 없었다면 불가능한 일이었다.
5) 르 코르뷔지에의 근대건축의 5원칙 중 '자유로운 입면'은 바로 베서머의 제강법으로 만들어진 강철로 인해 가능했다.
6) 표면이 머리카락만큼 가는 스크래치로 가공된 스테인리스 스틸. 거울 같은 반사는 아니지만, 투영된 물체를 실루엣의 반사로 보여주는 소재다.
7) 1930년대 미국 'US Steel'이 철도 차량 제작을 위해 개발한 강철이다. 시간이 지나면 녹이 생겨 색이 변한다. 녹은 보호층 역할을 해 추가 도장 없이도 내구성을 유지하는 장점이 있지만, 녹물이 떨어져 바닥에 얼룩을 만들거나 정원에 떨어지면 식물의 생육을 방해한다는 단점도 있다. 최근에는 이 재료의 감성은 유지한 채 단점을 보완한 세라믹 패널(Ceramic Panel, 금속이 아님)이 등장했으며, 그 차이를 알 수 없을 정도의 질감으로 금속이 아님에도 흡사한 감성을 보여준다.

스틸(Corten Steel)[7]은 건축물의 가치와 의미를 은유(Metaphor)적으로 표현할 수 있습니다. 스위스 건축가 헤어조그 앤 드뫼롱(Herzog & de Meuron)은 카이사 포럼 마드리드(CaixaForum Madrid)에서 코르텐 스틸의 부식된 질감을 활용하여 도시의 역사성과 현대성을 연결하는 의미를 표현하기도 했습니다.

유리_Glass

기원전 로마 시대에도 존재한 유리는 깨지기 쉽고 단위면적 당 강도가 약해 주로 식기[8]나 장신구 정도의 작은 크기로 사용되었고 지금처럼 투명한 재료가 아니었습니다. 유리나 철 모두 강성을 높이는 기술은 불을 다루는 요업(Ceramics)에서 영향을 받았습니다. 16세기까지 1,200도 이상의 초고온을 다루는 기술은 도자기를 굽던 요로(Kiln) 기술에서 가능했는데 이는 당시 자기[9]로 유명했던 명, 송(중국)과 베트남 일부 지역 그리고 고려, 조선(한국)에서만 가능했습니다. 전쟁과 무역으로 이 기술은 유럽에 전해지고 산업혁명을 거치면서 철과 유리의 기계적 성질을 높이는 데 기여했습니다. 유리의 투명성과 반사성은 실내에서도 외부 풍경을 선명히 볼 수 있도록 만들었으며, 공간에서 '빛'을 표현하는 데 적합한 재료로 활용되었습니다. 최근에는 유리의 강성이 더욱 강화되면서 철이나 콘크리트를 대체할 수 있는 구조재로 사용되거나, 특수 가공을 통해 차음 기능이나 에너지 발전 기능을 갖춘 다기능 유리로 발전하고 있습니다. 유리는 소재로서의 역사가 오래되었지만, 건축의 재료로 도입된 것은 중세 이후였으며 여러 혁신가와 제조사들의 기술 발전을 거쳐 오늘날 건축 재료로서의 지위를 가질 수

---

8) 강도가 약했으므로 지금처럼 얇은 식기가 아니라 두껍게 만들어야 했다.
9) 자기(瓷器, Porcelain)는 섬세하고 단단하며, 빛을 투과하는 특징을 가진 고급 도자기이다. 고령토(Kaolin, 회백색의 흙)를 주원료로 하여 1,200°C 이상의 높은 온도에서 흙을 구성하는 광물이 녹아 자화(瓷化, 유리처럼 되는 현상)되어 만들어진다.

있었습니다. 이 중 4개의 제조사는 유리를
건축의 영역으로 들어오게 한 역사의
변곡점을 만들었으며 특허의 대부분을
소유하고 있어 수 세기에 걸친 지금까지도
산업을 이끌어오고 있습니다. 프랑스의
'생 고뱅(Saint Gobain, 1665~)'[10]은
아직도 극한의 투명성과 투시성이 필요한
공간에 쓰이는 마판유리의 개척자였고,
영국의 '필킹턴(Pilkington, 1826~)'은
혁신적인 플로트 글라스 공법(Float
Glass Process)을 창안해 오늘날 건축의
재료로서 유리의 표준을 정립했습니다.
이외에도 초박형 디스플레이 유리로 유명한
일본의 아사히 글라스(AGC, Asahi Glass
Company, 1907~), 스마트폰 화면에도
사용되는 고강도 고릴라 글라스(Gorilla
Glass)로 알려진 미국의 코닝(Corning
Incorporated, 1851~)은 건축, 자동차
및 첨단 기술 산업 분야 전반에서 혁신적인
소재를 제공하고 있으며 현대 건축에서는
없어서는 안될 재료로 자리 잡았습니다.

판유리에 대한 갈망

유리가 장식(Decoration)의 범주에서
건축의 영역으로 들어온 시점은
17세기부터였으며 특히 판유리의 개발이
결정적인 변곡점이었습니다. 유리가 도입되기
전 건축에서 벽이나 창은 불투명한 돌과 나무
같은 재료를 사용했기에 실내에서 외부 풍경을
볼 수 없었습니다. 창을 열지 않고도 태양광을
유입하고 외부를 바라볼 수 있는 공간은 매우
사치스럽고 혁신적인 개념이었습니다. 당시
유리 제조 방식은 가열된 유리 액체를 긴
파이프 끝에 묻힌 후 입으로 불어 원심력으로
유리병을 만드는 핸드 블로잉(Hand
Blowing) 기법을 사용했습니다. 그러나

창을 만들려면 평평한 판유리가 필요했는데
곡면의 유리병에서 판재로 쓸 수 있는 부분은
바닥이었고 그 부분만 잘라서 틀에 끼워
사용한 것이 투명한 창의 시작이었습니다.
중세의 스테인드글라스도 큰 판유리를 만들
수 없어 조각난 유리를 틀에 끼워 창으로
만들었기에 많은 시간과 노력이 들었고
성당이나 사원, 왕족이나 귀족의 저택 등
극히 한정된 건축에만 사용되었습니다.
이후 4세기 초 로마에서 액체 상태의
녹은 유리를 크고 평탄한 돌 위에 흘려 판
유리 제작을 시도했으나 낮은 투명도와
서냉(徐冷)[11]기술이 부족하여 큰 유리를 만들
수 없었다고 합니다.

마판유리(Polished Plate Glass)의 등장

17세기 들어 프랑스의 왕립 제경소였던
'생 고뱅'에서 '마판유리[12]'를 개발하면서
이전 시대에 비해 큰 유리판(Glass
Plate)과 틀(Frame)로 이루어진 형태의
창이 만들어졌습니다. 마판유리는 표면에
굴곡이 없고 유리를 통해 보이는 형상이
일그러지지 않아 뛰어난 투시성과 투명성으로
공간의 가치를 높입니다. 이러한 특성으로
뉴욕 엠파이어 스테이트 빌딩(Empire
State Building, 1931)의 창과 내부
장식에 사용되었고, 파리 루브르 박물관
피라미드(Louvre Pyramid, 1989, I.M
Pei)에도 적용되었습니다. 또한 매우 매끄럽고
평활한 표면을 가지고 있어 뒷면에 은을 입혀
거울을 만드는 데에도 사용되었으며 이렇게
귀한 유리로 만들어진 거울은 사치품으로
왕과 귀족들의 전유물이었습니다. 그러나 초기
마판유리는 두꺼운 판유리를 갈아내며(연마)
만들었기에 무겁고 가공이 어려웠으며, 두꺼운
유리임에도 충격에 약해 균일한 강도를 내기

어려웠습니다. 또한 원료 손실률이 높고, 많은 시간과 노동력이 투입되어 대량 생산이 쉽지 않았습니다. 이러한 특성으로 마판유리는 고급 판유리의 대명사였고, 뛰어난 투명도와 평활도를 요구하는 특정 분야에 적용되었지만, 현재는 제한적으로 사용되고 있습니다.

플로트 글라스 공법(Float Glass Process) 혁신적인 판유리의 등장

현대적인 개념의 투명 유리는 1950년대 영국의 앨러스테어 필킹턴(Sir Alastair Pilkington)이 개발한 플로트 글라스 공법을 통해 가능했습니다. 이 방식은 녹인 유리를 액체 주석(Tin Bath) 위에 띄워 표면 장력에 의해 자연스럽게 평활한 판유리 형태로 만드는 공법으로, 불순물이 적고 표면이 매끄러운 고품질 유리를 만들 수 있었습니다. 오늘날 대부분의 창문 유리는 이 방식으로 제작됩니다. 또한 이 공법은 마판유리와 달리 다양한 두께(1.8~25mm)를 생산할 수 있으며, 가공이 쉽고 대량 생산이 가능해 유리의 대중화를 이끌었습니다. 또한 어닐링(Annealing)[13]기법을 적용해 강도를 유지하면서도 큰 유리를 만들 수 있어 현대 건축에서 대형 유리 패널을 사용한 디자인이 가능해졌습니다. 이는 이전 시대의 벽과는 달리 내·외부 공간의 경계를 허무는 투명한 벽을 만들 수 있다는 의미였습니다.

오늘날의 유리

이밖에 생 고뱅의 에너지 세이빙 로이 유리(Low-E Glass), 빛의 밝기를 조절하는 세이지 글라스(Sage Glass), 아사히 글라스의 태양광 조절 유리, 방음 유리, 코닝의 광학 유리, 내열성 유리 등 특수 유리의 등장으로 공간을 디자인하는 소재는 더욱 확장되고 있습니다. 그러나 건축가로서 특히 제 눈에 띄는 소재는 '필킹턴(Pilkington)'의 셀프 클리닝(Self-cleaning, 2001) 유리입니다. 유리 표면을 이산화 티타늄이라는 광촉매(Photocatalyst)[14]로 코팅하면 유리창에 붙은 오염물질이 햇빛에 의해 유기물(먼지, 오염물 등)이 분해되고 코팅된 막 위에서 쉽게 빗물에 쓸려 갑니다. 건축물은 준공 이후 유지관리도 공간에 영향을 미치는데 이런 소재를 선택한다면, 고층빌딩에서 밧줄 하나에 의지해 유리를 닦는 위험도 없앨 수 있으며, 건축가가 의도한 디자인과 공간의 가치를 유지할 수 있습니다.

10) '생 고뱅'은 1,665년 루이 14세 시대에 설립되어, 베르사유 궁전의 '거울의 방(Galerie des Glaces)'을 만들기 위한 유리 제조업체로 시작했으며, 지금까지도 건축 및 산업용 유리 분야에서 혁신을 이어가고 있다.
11) 유리는 천천히 냉각하고 가열을 반복하면서 눈에 보이지 않는 미세한 크랙(Crack)을 주어 강도를 높인다.
12) 마판유리는 '후판 유리(두꺼운 판 유리)'의 양면 또는 한 면을 연마(갈아내는) 가공하여 평활하게 만든 판유리를 말한다. 단순히 압연 방식으로 생산된 판유리에 비해 표면이 매우 매끄럽고 투명도가 뛰어난 것이 특징이다.
13) 유리를 특정 온도로 가열한 후 서서히 냉각하여 내부 응력을 완화하는 중요한 공정. 이 과정은 유리가 급격한 온도 변화로 인해 깨지는 것을 방지하고, 강도와 내구성을 높이는 역할을 한다.
14) 빛을 이용해 화학 반응을 촉진하는 촉매이다. 이산화 티타늄(TiO2)이 대표적이며 햇빛의 자외선(UV)이나 가시광선을 받으면, 이와 접촉하는 공기 중 산소와 수분이 화학 반응을 일으켜 오염물질을 분해할 수 있도록 돕는다. http://news.bbc.co.uk/2/hi/technology/3770353.stm

콘크리트_Concrete

콘크리트는 인류의 건축사에서 중요한 재료 중 하나로, 고대부터 현대까지 지속해서 발전해 왔습니다. 콘크리트의 기원은 기원전 6,500년경으로 거슬러 올라가며, 오늘날의 시리아와 요르단 지역에서 활동하던 나바타에안(Nabataean) 상인들이 콘크리트를 이용하여 구조물, 바닥, 지하 저수조를 건설한 기록이 있습니다.

초기 형태의 콘크리트
전설적인 소재 포졸란(Pozzolan)의 등장
이후 콘크리트 기술은 고대 로마 시대에 와서 비약적으로 발전했으며, 기원전 300년경 로마 건축가들은 포졸란(Pozzolan)[15]을 석회 모르타르에 첨가하면 수중에서도 견딜 수 있는 강력한 재료가 된다는 사실을 발견했습니다. 이를 통해 판테온(Pantheon), 콜로세움(Colosseum) 같은 대형 건축물이 세워졌으며, 지금까지도 그 구조적 안정성을 유지하고 있습니다. 로마 시대의 포졸란은 주로 화산재를 원료로 했으며, 이 화산재는 '펄비스 푸테올라누스(Pulvis puteolanus)'라는 이름으로 불렸습니다. 이 명칭은 이탈리아 포추올리(Pozzuoli) 지역에서 채굴된 화산재에서 유래했으며, 이후 '포졸란'이라는 용어가 탄생하게 되었습니다. 하지만 로마 제국이 몰락하면서 포졸란을 활용한 콘크리트 기술도 점차 잊혀졌고, 중세 시대에는 거의 사용이 중단되었습니다.[16] 다시 포졸란이 사용되기 시작한 것은 14세기 이후였습니다. 르네상스 시대와 그 이후의 건축 기술 발전과 함께 포졸란이 재발견되었으며, 1681년 프랑스에서 건설된 '미디 운하(Canal du Midi)'[17]에서 포졸란 기반 콘크리트가 활용되었습니다. 하지만 당시의 콘크리트는 여전히 고대 로마의 기술과 비교하면 강도와 내구성이 부족했습니다.

포졸란은 천연재와 인공재로 나뉘며, 천연 포졸란은 화산재, 응회암, 규조토 등의 광물질을 포함하고 인공 포졸란은 플라이 애쉬(Fly Ash)[18], 실리카 퓸(Silica Fume)과 같은 산업 부산물에서 생성됩니다. 콘크리트에 포졸란을 혼합하면 수밀성이 향상되고 미세구조가 개선되어 물의 침투를 줄일 수 있습니다. 그리고 초기 강도는 상대적으로 낮지만, 장기적으로 강도가 증가하는 특성을 가지며 경화 과정에서 발생하는 수화열을 감소시켜 균열을 방지합니다. 또한 플라이 애쉬 기반의 콘크리트는 시멘트 사용량을 줄여 경제적 효율성을 높일 수 있으므로 현대 건축에서 핵심 소재로 평가받고 있습니다. 참고로 도자기에서도 본 애쉬(Bone Ash)라는 첨가물을 쓰는데 동물(주로 소)의 엉치뼈를 고온에서 태워 가루를 내어 얻습니다. 이는 고급 자기를 부르는 또 다른 이름인 '본 차이나(Bone; 뼈, China: 도자기)'의 유래이기도 합니다. 본 애쉬는 '본 차이나(Bone China)'의 핵심 원료로, 강도를 높이고 투명도를 향상시켜 자기를 밝고 투명한 우윳빛 화이트로 만드는 역할을 합니다. 이러한 특성으로 중세의 자기는 보석에 준하는 제품이었으며 유럽이 동북아시아와 교역을 하는 이유이기도 했습니다. 이렇게 재료의 역사에는 강도와 내구성을 높이기 위한 발견과 노력이 있었으며 작은 첨가물이 소재의 특성을 결정하는 경우가 종종 있었습니다. 그래서 포졸란은 단순한 혼합재료가 아니라 성능을 향상시켜 건축 기술의 지속적인 발전을 가능하게 하는 콘크리트의 핵심 요소였습니다.

포틀랜드 시멘트(Portland Cement)
현대 콘크리트의 시작, 여전한 포졸란의 영향력

근대적 의미에서 콘크리트가 본격적으로 발전한 것은 1824년 조셉 아스프딘(Joseph Aspdin)이 포틀랜드 시멘트(Portland Cement)를 개발하면서부터였습니다. 이 시멘트는 당시 영국 남부 포틀랜드섬에서 채굴된 포틀랜드 석재(Portland Stone)와 색상이 유사하여 이름이 붙여졌으며 이전의 석회 모르타르나 천연 시멘트보다 훨씬 균질하고 강한 구조를 가졌습니다. 이후 그의 아들 윌리엄 아스프딘(William Aspdin)이 제조법을 발전시키고 런던에 공장을 세워 대량 생산을 시작함으로써 현대적인 시멘트 산업의 기초를 마련했습니다. 그러나 포틀랜드 시멘트 기반의 콘크리트는 로마 콘크리트보다 내구성이 낮다는 문제가 있었습니다. 이를 해결하기 위해 현대 건축에서는 다시 포졸란을 주목하기 시작했으며, 천연 포졸란과 함께 인공 포졸란이 포틀랜드 시멘트의 보조 재료(SCM, Supplementary Cementitious Material)로 활용되었습니다. 포졸란은 이외에도 친환경 이슈에 중요한 역할을 합니다. 콘크리트의 제조 과정에서 발생한 탄소 배출 문제는 환경 영향을 줄이기 위해 해결해야 할 중요 과제로 떠오르고 있습니다. 이에 따라 친환경 콘크리트 기술이 발전하면서 탄소 배출을 줄이는 포졸란 기반 콘크리트, 플라이 애쉬 콘크리트와 같은 지속 가능한 콘크리트가 연구되고 있습니다. 이렇게 개발된 포틀랜드 시멘트는 강도, 내구성, 경제성을 갖춘 재료로써 오늘날 전 세계에서 가장 널리 사용되며, 콘크리트, 모르타르, 스투코 및 그라우트의 기본 재료로 활용되고 있습니다. 그러나 아직 로마 시대의 발견과 그 영향에서 벗어났다고 할 수는 없을 것 같습니다.

건축가들은 콘크리트를 단순한 구조재가 아닌 공간을 형성하는 핵심 요소로 바라보며, 디자인과 기능성을 동시에 활용합니다. 이 소재는 강도와 내구성, 방수성 그리고 내화성이 뛰어나면서도 거푸집을 이용해 곡선, 기하학적 패턴, 유기적인 디자인 등 다양한 형태를 구현할 수 있습니다. 거친 질감과 단순한 색감은 강렬한 시각적 효과를 제공하며, 브루탈리즘 건축에서는 재료의 특성을 그대로 드러내어 강한 존재감을 강조하는 요소가 되기도 했습니다.

현대의 콘크리트는 압축 강도가 뛰어나 초고층 건물과 대형 구조물(교량, 터널, 도로 등 인프라 건설)의 안정성을 확보하는

15) 포졸란은 실리카(SiO_2)와 알루미나(Al_2O_3)를 포함하고 있으며, 자체로는 수경성이 없지만 수산화칼슘($Ca(OH)_2$)과 반응하여 시멘트 성질을 갖는 화합물을 형성한다.
16) 중세에는 주로 석재와 목재를 구조재로 사용했다.
17) 프랑스 남부에서 지중해를 잇는 운하. 1661~1681년에 건설되어 이후 산업혁명의 기반을 마련했다. 미디 운하의 완성으로 대서양과 지중해를 연결하는 루트가 완성되었으며, 미국의 토머스 제퍼슨은 이 운하를 모델로 미국의 포토맥강과 이리 호수를 연결하는 유사한 운하를 구상할 정도로 17세기 후반의 위대한 업적이었다. - Wikipedia
18) 플라이 애쉬는 석탄 화력발전소에서 석탄을 연소할 때 발생하는 미세한 입자 형태의 부산물이다. 석탄을 약 1,400~1,500°C의 고온에서 태우면 회분이 용융되었다가 급격히 냉각되면서 표면 장력에 의해 구형의 미세한 분말로 형성된다. 이 미세한 입자는 집진장치를 통해 포집되며, 콘크리트 산업에서 혼화제로 활용된다. 플라이 애시 자체로는 수경성이 없지만, 콘크리트에 사용되면 '포졸란 반응(Pozzolan Reaction)'을 통해 시멘트 수화 과정에서 콘크리트의 장기 강도가 증가하고, 수밀성과 내구성이 향상되는 효과가 있다. - Wikipedia

필수 요소로 자리 잡았으며, 대량 생산이 가능해 대규모 건축 프로젝트에서 핵심 재료로 활용됩니다. 콘크리트의 종류는 일반 콘크리트, 고강도 콘크리트, 경량 콘크리트, 섬유보강 콘크리트(Fiber-Reinforced Concrete, FRC), 프리스트레스트 콘크리트(Prestressed Concrete, PSC), 투수 콘크리트(Permeable Concrete), 친환경 콘크리트, 초고강도 콘크리트(Ultra High Performance Concrete, UHPC), 자가 치유 콘크리트(Self-Healing Concrete), 그리고 3D 프린팅 콘크리트(3D Printed Concrete) 등이 있습니다.

19) 구조용 집성재(Glulam, Glued Laminated Timber) / CLT(Cross Laminated Timer) 등
20) 가구식 구조는 기둥과 보를 결합하여 건축물을 지탱하는 방식으로, 주로 목조 건축에서 사용된다. 이 구조는 기둥, 보, 도리, 서까래 등의 부재를 조합하여 건물의 골격을 형성하며, 못이나 접착제 없이 목재끼리 맞물려 결구하는 것이 특징이다.
21) 프리팹 목재는 미리 공장에서 제작된 목재라는 의미다. 일정 길이와 치수로 재단되고 경우에 따라 화학처리를 하며, 철제 결속물(Joinery-Brackets, Bolts, Nuts etc.)등을 결합하여 현장에서 건식공법(Dry-Construction)으로 시공할 수 있도록 준비된 자재를 말한다.
22) 방해석은 자연에서 가장 흔하게 발견되는 광물 중 하나로서 건축과 산업 분야에서 널리 사용되며, 석회암과 대리암의 주요 성분으로서 건축 자재와 조각 재료로 활용된다. 방해석의 특징 중 하나는 복굴절(Birefringence) 현상으로, 빛을 두 개의 서로 다른 경로로 굴절시키는 성질을 가지고 있다. 이로 인해 광학적 연구 및 실험에서 활용되며, 과학 분야에서 중요한 소재로 사용된다. 또한 철강 제조 과정에서는 용융된 철의 불순물을 제거하는 데 중요한 역할을 한다. 방해석은 퇴적암, 변성암, 화성암에서 널리 발견되며, 특히 석회암과 대리암의 주요 성분으로 포함된다. 주요 산지로는 아이슬란드, 멕시코, 미국, 중국 등이 있으며, 다양한 형태로 채굴 및 가공되고 있다.

나무_Wood

목재 역시 인류가 가장 오래 사용한 건축 재료 중 하나로, 자연에서 쉽게 얻을 수 있으며 비교적 가공이 쉬워 오랜 시간 동안 건축의 핵심 소재로 자리 잡아 왔습니다. 선사시대부터 발전해 온 목재 건축은 고대 이집트, 메소포타미아, 중국 등에서도 사용되었으며, 특히 동아시아에서는 기둥과 보를 이용한 전통 목조 건축이 발달했습니다. 한편, 유럽에서는 목재 프레임 구조가 널리 활용되었으며, 지금까지도 유럽에서는 주거 건축의 주요 재료로 사용되고 있습니다. 18~19세기 북미 개척 시대에는 통나무집(Log cabin)이 일반적인 주거 형태로 자리 잡았으며, 20세기에 들어서 적층 목재[19], 합판, 엔지니어링 목재 등의 기술이 발전하여 목재가 고층 빌딩과 대형 구조물에서도 활용되기 시작했습니다. 이 소재는 어떤 재료보다도 유연하고 부드러운 성질을 가지고 있으며 자연 친화적 재료로, 지속 가능성과 미적 가치를 동시에 제공합니다. 특유의 따뜻한 질감과 감성, 자연스러운 나뭇결의 패턴, 그리고 종에 따라 발생하는 향기는 공간의 질(Quality)을 결정짓는 기본 요소가 되며, 단열성과 음향 조절 기능이 뛰어나 실내 환경을 쾌적하게 유지하는 데에도 효과적입니다. 또한 목재는 못이나 결속물을 사용하지 않고도 가구식(架構式) 구조[20]로 축조가 가능한 소재이며, 철제 결속물을 더하면 구조의 강성을 극대화하고 시공성을 높여 공기를 단축할 수 있습니다. 목재의 또 다른 장점은 철골 구조나 콘크리트와 달리 같은 강성을 유지하면서도 유연성을 지닌다는 점입니다. 이러한 특성으로 지진이 빈번한 일본에서는 저층 건축에 목구조가 많이 활용됩니다.

아울러 재생 가능하며 탄소 배출이 적어 친환경 건축 재료로 주목받고 있습니다. 최근에는 프리팹 목재(Pre-fabricated Wood)[21]가 개발되면서 콘크리트보다 시공성과 공사 기간 단축이 뛰어난 자재로서 목재의 활용성은 더욱 증가하고 있습니다. 건축에서 목재는 그 특성과 종류에 따라 사용 방식이 달라집니다. 크게 '천연 목재(원목)'와 '가공 목재(합판, 집성목, MDF 등)'로 구분되는데, 천연 목재는 강도와 내구성이 뛰어나 전통 건축에서 많이 사용되며, 가공 목재는 균일한 품질과 강도를 제공하여 현대 건축에서 널리 활용됩니다. 수종에 따라서 침엽수재와 활엽수재로 분류되는데 침엽수재는 가벼우면서도 강도가 높아 기둥과 보 같은 구조재로 많이 사용되며, 대표 수종으로는 소나무, 전나무, 잣나무 등이 있습니다. 반면, 활엽수재는 밀도가 높고 강도가 뛰어나 벽, 바닥, 천장 등에 사용되어 따뜻한 분위기를 연출하는 마감재에 적합하며, 대표 수종으로는 느티나무, 상수리나무, 밤나무 등이 있습니다. 그러나 나무는 습기와 수분에 취약하여 부식과 변형이 발생할 수 있으며, 화재 위험이 높아 방염 처리가 필요하고 지속적인 유지 관리가 필요하다는 단점이 있습니다. 이를 극복하기 위해 방습 처리된 목재, 내화 목재, 고강도 집성목 그리고 가공 합성 목재(Engineered Wood) 등이 개발되어 건축에 사용되고 있습니다. 특히 가공 합성 목재는 습한 환경에도 안정적으로 적용할 수 있어, 수영장과 같은 공간에서도 활용되며 나무의 고유 감성을 유지하면서도 썩음과 변형 및 강도 저하 문제를 해결했습니다. 이렇게 목재는 변화하는 수요에 맞춰 물성을 개발하며 현대 건축의 주요 소재로 다시 주목받고 있습니다.

돌_Stone

돌은 오랜 시간 동안 구조적 견고함과 영속성을 보장하는 건축의 재료였습니다. 그러나 산업혁명 이후 철과 콘크리트가 구조재 역할을 대체하면서 오늘날의 석재는 이전의 역할과는 다른 관점에서 그 질감과 특성을 활용하는 재료로 사용되고 있습니다. 석재는 빛과 소리에 반응하는 특성, 낮은 열전도율, 자연스러운 질감과 육중한 느낌을 통해 안정적인 공간감을 형성하는 특성을 보입니다. 석재는 채굴되는 지역의 특성에 따라 다양한 건축의 형태를 띱니다. 우리나라에서는 화강암이 풍부하여 불국사 석굴암과 같은 석조 건축이 나타났으며, 지중해 연안에서는 퇴적암이 풍부하여 파르테논 신전과 같은 건축물이 지어졌습니다. 그러나 동북아시아 지역에서는 화강암이 풍부했지만, 가공이 쉽지 않은 경질 재료라는 이유로 종교시설 등 특별한 건축에 제한적으로 사용되었고 대부분의 건축은 목재 위주로 발전했습니다. 반면, 지중해와 유럽에서는 비교적 덜 단단하고 가공이 쉬운 퇴적암 계열의 라임스톤(Limestone)이 건축의 재료로 널리 사용되었습니다. 라임스톤은 수백만 년 동안 지중해와 유럽에서 형성된 석재로, 주로 얕은 해양 환경에서 생성됩니다. 이집트 기자의 피라미드와 그리스 파르테논 신전에도 사용된 이 소재는 빛을 굴절시키는 방해석(Calcite, 方解石)[22] 성분을 포함하고 있어 태양을 바라보는 입면에서 빛을 부드럽게 산란시키는 특성이 있습니다. 피라미드는 이러한 특성 때문에 시간과 방향에 따라 빛을 발산하는 듯한 효과를 보이므로 사막에서 방향을 알려주는 역할도 합니다. 또한 라임스톤의 이러한 특성은 유럽의 종교 건축에도 도입되어 빛의 색감에 더해 석재에 부딪히는 소리의 울림까지 종교적 권위와 신성함을 연출하는데 적합한 재료로 활용되었습니다. 근래에는 라임스톤 외에도 사암(Sandstone) 계열의 석재가 대체재로 사용되기도 합니다. 두 재료는 퇴적암이라는 공통점이 있지만, 형성과 구성 성분에서 차이가 있습니다. 라임스톤은 칼슘 탄산염($CaCO_3$)을 주성분으로 하며, 해양 생물의 화석이나 조개껍데기가 쌓여 형성되는 반면, 사암은 모래 입자가 압축되어 형성된 암석으로, 주성분은 규산(SiO_2)입니다. 따라서 라임스톤은 사암과는 별개의 퇴적암이지만, 외관이 비슷해 건축과 인테리어에서 유사한 용도로 사용되기도 합니다. 최근 들어 많이 쓰이는 또 다른 석재로는 엔지니어드 스톤(Engineered Stone)이 있습니다. 이 소재는 돌가루와 접착제를 섞어 만드는 인공 합성물이지만 육안으로는 원석과 차이를 구분하기 어려울 정도로 건축 재료로서 높은 수준의 질감과 성질을 제공합니다. 예를 들어, 대리석의 경우 같은 광산에서 채석된 석재는 동일한 색감과 패턴을 보이지만, 다른 광산에서 채굴된 돌은 같은 종류의 대리석이라도 색감과 질감이 달라 한 입면에 적용하기 어려울 수 있습니다. 이런 경우 엔지니어드 스톤을 활용하면 원하는 색감, 질감, 패턴을 인위적으로 조성하고 생산량도 조절할 수 있어 자연 대리석보다 더 좋은 효과를 내기도 합니다. 고품질의 엔지니어드 스톤은 이탈리아, 독일 등에서 주로 생산되며 같은 단위의 대리석보다 색감과 질감이 뛰어나며, 가격도 높습니다. 오늘날의 석재는 건축의 재료로서 초기의 용도와 역할은 변했지만, 시대의 변화에 맞추어 공간의 감성을 풍부하게 만드는 중요한 요소로 발전하고 있습니다.

벽돌_Brick

벽돌, 테라코타, 타일은 모두 흙을 기반으로 한 건축 재료로, 인류의 역사 속에서 구조적, 장식적, 기능적 역할을 하며 발전해 왔습니다. 벽돌은 구조적 안정성을 제공하고, 테라코타와 타일은 장식성과 예술적 요소를 강조하며 건축물의 완성도를 높이는 데 기여했습니다. 벽돌도 돌이나 나무처럼 오래된 건축 재료 중 하나로서 기원전 7000년경 메소포타미아 지역에서 처음 사용되었습니다. 초기에는 점토를 틀에 넣어 자연 건조한 어도비(Adobe) 벽돌이 사용되었으며, 이후 가마에서 가공해 내구성을 높인 소성 벽돌의 도입으로 더 튼튼한 구조물을 만들 수 있게 되었습니다. 고대 이집트와 메소포타미아에서는 벽돌을 사용하여 도시와 신전, 궁전을 건설했으며, 로마 시대에는 대량 생산된 벽돌로 도로와 건축물에 광범위하게 사용되었습니다. 중세 유럽에서는 성벽과 교회 건축에 사용되었으며, 르네상스와 산업혁명을 거치면서 더욱 정교한 형태의 벽돌이 개발되었습니다. 특히 산업혁명 이후 벽돌은 기계 생산이 가능해 대량으로 보급되었고, 대도시의 주택과 공장 건설에 필수 요소가 되었습니다. 벽돌의 전통적인 구법은 '쌓기'입니다. 이는 우리가 잘 알고 있는 내력벽(Load bearing wall) 구조로, 아래 벽돌이 위 벽돌을 받쳐 무게를 견디며 하중을 지지하는 방식입니다. 동화 『아기돼지 3형제』 중 막내가 지은 '단단하고 견고한 벽돌집'이 바로 이 구조입니다. 그러나 20세기 초 고층빌딩의 등장으로 이 전통적인 재료의 구법과 쓰임은 달라집니다. 도시가 고밀화되어 수직으로 발전하면서 벽돌로 쌓는 구법은 그 효율이 떨어졌습니다.

1891년 조적으로 지어진 시카고의 모내드녹 빌딩(Monadnock Building)은 16층을 쌓기 위해 1층 벽의 두께를 1.8m로 만들어야 했으며, 이는 공간의 면적 효율성을 크게 떨어뜨려 조적 방식은 고층빌딩의 구법으로는 적합하지 않다는 것을 보여주었습니다. 이후 벽돌은 구조체 역할에서 벗어나 마감재로 활용되기 시작했습니다. 이러한 변화는 열에 의한 수축과 팽창, 오염과 불에 대한 강한 저항성을 비롯한 물리적 장점을 살리는 방향으로 발전하며 벽돌의 새로운 가능성을 열었습니다. 또한 다양한 색상과 질감이 구현하는 독특한 감성적 요소를 활용하여 공간을 연출하는 중요한 소재로 자리 잡게 되었습니다.

1-3.
재료와 구축, 공간의 문법

앞서 재료를 통한 공간의 연출과 재료의 이해에 대해 알아보았다면, 다음은 건축을 이루는 재료들을 어떻게 구성하는가에 관한 이야기입니다. 건축가는 공간의 경험을 전달하기 위해 '감각과 기술'을 활용하는데 후자에 해당하는 것이 구법[23]입니다. 구법은 재료들을 물리적으로 결합하고 구성하는 것을 말하는 데 단순히 기술적 마감으로 끝날 수도 있고, 구법의 논리 자체가 건축가의 의도를 나타내거나 공간의 가치와 연결되기도 합니다. 그러나 두 가지 모두 실내 공간을 외부로부터 보호하는 기술적인 바탕에서 출발한다는 점에서는 동일하며 이를 위해 세 가지 고려 요소가 필요합니다. 첫째, 구조(Structure)는 공간을 형상화하고 지지하는 핵심 요소로, 건물의 안정성과 기능성을 결정하는 역할을 합니다. 구조 설계는 하중 분산, 내신 성능, 변형 저항 등의 요소를 포함하며 재료의 특성과 기계적 성질을 고려한 공간의 형태를 결정합니다. 둘째, 절연(Insulation)은 온도, 소리, 전기적 성질을 조절하여 실내 환경을 최적화하는 요소입니다. 단열을 통해 실내외 온도 차이를 조절하며, 방음 설계를 통해 소음의 영향을 최소화하고, 전기 절연을 통해 건물의 안전성을 확보할 수 있습니다. 셋째, 물(Water)은 공간을 보호하기 위해 고려해야 할 요소로, 방수와 방습, 배수 시스템이 포함됩니다. 물의 침투를 막기 위한 설계는

---

23) 건축 구법은 건축물의 구축 방식이나 각 부위의 재료적 구성 방법을 일컫는 용어다. 구축 방식은 부재(Member)와 부재의 집합인 패키지의 결합 구성 방식을 뜻하며 기술적이고 논리적인 과정(Process)을 의미한다.

누수를 방지하고, 건축물의 장기적인 내구성을
보장하며, 구조적 손상을 예방하는 역할을
합니다.
이 세 가지 요소는 건축 공간에 직·간접적인
영향을 미치므로, 건축가는 재료의 특성을
깊이 이해하고 이를 다루는 기술적인 지식을
바탕으로 공간을 설계해야 합니다. 구조적
안정성, 환경 조절, 수분 관리가 균형을
이루어야만 지속 가능하고 기능적인 공간이
구현됩니다.

구조_Structure

구조는 건축의 뼈대에 해당합니다. 공간을
만들어 사람이 정주할 수 있는 환경의
기본조건이며, 건축의 배치와 형태 그리고
층의 높이에 관여하고 이는 다시 빛과
소리 환경의 가치에도 영향을 미칩니다. 이
책에서는 가장 많이 쓰이는 세 가지 구조에
집중합니다.

벽식 구조_Wall Structure

벽이 천장을 지지하는 방식으로, 내력벽
구조라고도 합니다. 라멘식(기둥식)보다
단순하며, 내력벽이 L자 형태로 꺾이는
부분에서 내진성이 극대화되어 리히터
규모 5.0 이하의 약한 지진에서는 안정성을
보입니다. 또한 벽과 벽 사이의 수평 소음이
적은 특징이 있습니다. 그러나 기둥식에 비해
유연성이 낮아 강진이 발생하면 내력벽에
층별로 일정 패턴의 균열이 발생할 수 있으며,
심한 경우 벽 내부 배관이 횡압력을 견디지
못해 파손될 위험이 있습니다. 공사 기간이
단축되고 비용이 절감되지만, 조용함이 필요한
공간에는 적합하지 않고 내부 공간 구성이
제한되는 단점이 있습니다.

라멘 구조_Rahmen Structure

건물의 하중을 기둥과 보를 통해 분산시키는
구조방식으로 공간 활용성이 뛰어납니다.
독일어 "Rahmen"에서 유래한 용어로, '틀'
또는 '프레임'을 의미하며, 강접합 구조를 통해
횡력(지진, 바람)에 대한 저항력이 높습니다.
내력벽 없이 설계할 수 있어 내부 공간을
자유롭게 구성할 수 있으며, 층간소음이 적고,
필요시 벽을 철거해 개방감을 극대화할 수
있습니다. 그러나 벽식 구조보다 공사비가

높고, 기둥과 보가 일부 공간 활용에 제한을 줄 수 있으며, 벽 간 소음 차단을 위한 추가적인 방음 설계가 필요합니다. 르 코르뷔지에는 이를 유니테 다비타시옹(Unité d'habitation)에 도입하여 이전 벽식 구조에서 불가능했던 개방적인 공간의 가치를 구현했습니다.

무량판 구조_Flat Plate Structure

보(Lintels & Beams)가 슬래브(Slab)와 결합되어 하중을 지지하는 방식으로 슬래브가 더 두꺼워지는 외관을 가집니다. 보가 없는 것처럼 보이므로 라멘 구조보다 더 개방적인 공간 설계가 가능하며, 설비 및 배관 설치도 쉽습니다. 이 구조는 층고를 줄여 건물 높이를 낮출 수 있으며, 거푸집 작업이 간소화되어 공사 기간과 비용 절감 효과가 있습니다. 또한, 두꺼운 슬래브는 충격음을 효과적으로 차단하여 층간소음을 줄이는 역할을 하므로 개방감과 차음성이 요구되는 공간에 유리합니다. 하지만 기둥과 슬래브 연결부의 전단력 취약성으로 인한 펀칭 전단(Punching shear) 위험이 있고 횡력(지진, 바람)에 대한 저항력이 낮아 추가 보강이 필요하며 구조적 안정성을 위해 슬래브 두께가 증가하므로 철근과 콘크리트 사용량이 많아진다는 단점이 있습니다.

절연_Insulation

건축에서 절연은 실내 환경을 최적화하여 에너지 효율을 높이고, 외부 환경으로부터 공간을 보호하는 역할을 합니다. 절연의 주요 기능은 단열(Heat & Cold Insulation)과 차음(Sound Insulation)으로 나뉩니다.

단열_Heat & Cold Insulation

단열은 실내외 온도 차를 조절하여 겨울에는 내부의 열이 외부로 빠져나가는 것을 방지하고, 여름에는 외부의 열이 실내로 유입되는 것을 차단하여 냉난방 효과를 극대화합니다. 또한 결로(Condensation) 방지 기능을 수행하며, 습기가 응축되는 현상을 막아 곰팡이 발생과 건축 구조 손상을 예방합니다. 건축에서 사용되는 단열재는 무기질, 유기질, 친환경 단열재로 나뉩니다. 무기질 단열재는 내화성과 내구성이 우수하지만, 비용이 높으며, 대표적으로 글라스울, 암면, 퍼라이트가 있습니다. 유기질 단열재는 가볍고 시공이 쉬운 반면 불에 취약하고 유독가스를 발생시킬 수 있으며, EPS, XPS, 폴리우레탄 폼 등이 여기에 해당합니다. 친환경 단열재는 지속 가능성과 환경 보호 측면에서 장점이 있지만 아직 널리 사용되지는 않으며, 셀룰로오스, 우드파이버, 코르크가 대표적인 소재입니다. 이 중에서도 유기질 단열재는 저렴하고 시공이 쉽다는 이유로 국내에서 가장 많이 쓰입니다. 그러나 화재에 취약하며 물이나 습기와 접촉하면 부식된다는 단점이 있어 뒤에 언급되는 방습까지 고려한 시공이 필요합니다. 이 소재들의 성능은 여러 요소에 의해 결정되며, 열전도율(W/m·K)이 낮을수록 단열 성능이 우수합니다. 또한, 방습 처리가 된 단열재는 습기에 강해 결로 방지 효과가 뛰어나며, 난연성이 높은 단열재는 화재 발생 시 피난 안전성을 확보할 수 있습니다. 단열은 건물의 에너지 소비를 줄이고 공간의 정주성과 쾌적성을 높이는 핵심 기술입니다.

차음_Sound Insulation
절연은 건축 공간에서 소음 차단과 음향 조절을 위해 중요한 역할을 합니다. 절연 재료는 열을 차단하는 기능뿐만 아니라, 특정 재료와 구조를 통해 소리의 전달을 줄이는 효과도 발휘합니다. 건축 공간의 차음 효과는 흡음성, 차단성, 진동감쇠성의 세 가지 주요 원리에 의해 이루어집니다. 첫째, '흡음성(Absorption)'은 다공질 구조를 가진 단열재가 소리를 흡수하여 반사음을 줄이고 내부 공간에서 소음이 퍼지는 것을 방지합니다. 둘째, '차단성(Blocking)'은 높은 밀도의 단열재가 소리의 전달을 막아 외부 소음이 실내로 들어오거나 내부 소음이 밖으로 나가는 것을 방지합니다. 셋째, '진동 감쇠성(Damping)'은 단열재가 구조물의 진동을 흡수하여 소음이 벽을 통해 전달되는 것을 줄이는 역할을 합니다. 이러한 재료로는 미네랄 울(Mineral Wool_무기질), 폴리우레탄 폼(Polyurethane Foam_유기질), 셀룰로오스(Cellulose_친환경) 등이 있으며 또한 추가적으로 '흡음 패널(Acoustic Panel)'을 더해 효과적인 차음 성능을 구현할 수 있습니다. 이외에도 차음 성능을 높이는 방법은 여러 겹의 구조 방식을 이용하는 디자인이 있습니다. 겹 구조 방식에는 이중벽(Double Wall)이나 이중 외피(Double Skin) 구조 그리고 공기층(Air Gap)을 포함한 패널을 적용하는 구법이 있습니다. 특히 이중 외피 유리 구조는 많은 현대 건축가들이 사랑하는 구법으로 차음 뿐 아니라 단열 기능을 하면서도 외부를 조망할 수 있어 공간의 가치에 직·간접적인 영향을 미칩니다. 이러한 Insulation의 차음 효과는 주거 공간, 사무실, 공연장, 스튜디오 등 다양한 건축에서 활용되며 쾌적한 소리 환경 조성에 중요한 역할을 합니다.

물 관련_Water Issues

건축에서 물을 다루는 기술은 공간을 보호하고 건물의 내구성을 유지하며 쾌적한 공간을 구현하는 데 필수 역할을 합니다. 이를 위해 방수(Waterproofing), 방습(Vapour Barrier), 배수(Drainage System) 및 지붕의 형태(Roof Design)를 고려해야 합니다.

방수_Water-Proofing

건축에서 방수는 건물의 구조를 물과 습기로부터 보호하는 중요한 요소입니다. 적절한 방수가 이루어지지 않으면 누수와 결로, 구조적 손상이 발생하여 장기적으로 건물의 내구성이 저하될 위험이 있습니다. 방수는 크게 외부 방수와 내부 방수로 나뉘며, 각각의 방식이 건축 환경과 요구에 맞춰 적용됩니다. 외부 방수는 건물 외부에서 물의 침투를 차단하는 방식으로 지붕, 외벽, 지하층 등에 적용되며, 내부 방수는 건물 내부에서 습기와 물을 차단하는 방식으로 욕실, 주방, 공조실 등에 사용됩니다. 방수는 건물의 안정성 유지에도 중요하므로 환경에 따라 적절한 방법을 택해야 합니다. 방수의 재료 및 공법에는 여러 가지가 있습니다. 도막 방수는 액체 형태의 방수제를 도포하여 막을 형성하는 방식으로, 폴리우레탄, 아크릴 등의 재료가 사용됩니다. 시트 방수는 EPDM, PVC 시트와 같은 방수 성능이 높은 시트를 부착하여 물의 침투를 막는 방식이며, 침투성 방수는 실리콘, 실리케이트 등의 재료를 이용해 콘크리트 내부로 침투시켜 방수 성능을 강화하는 방식입니다. 또한, 실링 방수는 창호나 조인트 부분에 실링재료를 충전하여 틈새를 막는 방식으로 적용됩니다.

방습_Vapour Barrier

방수는 주로 외부의 물로부터 빌딩을 보호한다면 방습은 내·외부 습기의 이동을 조절하여 건물의 내구성을 유지하는 개념입니다. 방습은 습기가 건물 내부의 벽체나 지붕을 통해 이동하는 것을 방지하고, 구조체 내부에서 온도 차에 의한 수증기가 응축되는 결로 현상을 예방하는 역할을 합니다. 또한, 유기질 단열재의 경우 내부로 습기가 침투하면 부식으로 인한 단열 성능이 저하될 수 있으므로, 이를 적용하여 단열 성능을 보호하는 기능도 수행합니다. 방습은 설치 방식에 따라 내부 설치(Interior Application)와 외부 설치(Exterior Application)로 나뉩니다. 내부 설치는 단열재의 내측에 적용되어 난방이 이루어지는 실내 공간에서 습기가 외부로 빠져나가는 것을 방지합니다. 외부 설치는 외벽이나 지붕의 외측에 적용되어 외부에서 습기가 건물 내부로 침투하는 것을 막습니다. 방습층을 구성하는 재료에는 여러 가지 유형이 존재하며, 대표적으로 폴리에틸렌 필름(Polyethylene Film), 알루미늄 포일(Aluminum Foil), 방습 페인트(Vapor Retarder Paint) 그리고 특수 방습 시트(Specialized Vapor Barrier Sheets) 등이 사용됩니다. 폴리에틸렌 필름은 가장 일반적인 방습층 재료로 높은 습기 저항성을 가지며, 알루미늄 포일은 반사 단열 기능을 겸비하여 습기 차단과 단열 효과를 동시에 제공합니다. 방습 페인트는 벽체 표면에 도포하여 습기의 이동을 제한하는 방식이며, 특수 방습 시트는 고성능 방습 기능을 갖춘 시트 형태의 제품으로 적용됩니다.

단열, 방수, 방습은 각각 독립적인 역할을 수행하지만, 부실시공이 발생하면 상호 관계를 맺으며 건물의 내구성과 안전성에 심각한 영향을 미칠 수 있습니다. 미흡한 단열은 온도 차에 의한 결로 현상으로 내부에 습기와 물을 형성하고, 부족한 방수는 외부에서 침투한 습기와 물이 건물 내부로 유입되어 건축 부재의 손상을 초래할 수 있습니다. 기준 미달의 방습층은 유기질 단열재가 습기에 의해 손상되어 균열이 발생한 철근콘크리트 내부의 철근을 부식[24]시키는 원인이 됩니다. 따라서 단열, 방수, 방습은 단순히 물과 습기 차단 기능을 넘어 건물의 구조적 안정성과 내구성을 유지하는 상호 유기적인 요소로 작용합니다. 그러므로 이 세 가지 요소를 통합적으로 고려한 적절한 재료 선택과 구법이 적용되어야 하며, 지속적인 유지관리가 필요합니다.

배수_Drainage System

배수 시스템이 구축되면 건물의 안전성과 위생 환경이 향상됩니다. 효과적인 배수 시스템은 폭우 시 건물과 도로를 보호하고 홍수 위험을 줄이며, 지속 가능한 건축을 실현하기 위한 핵심 요소로 작용합니다. 최근에는 빗물 재활용 시스템(Rainwater Harvesting System)과 침투 배수 시스템(Permeable Drainage System)을 활용한 친환경적인 배수 설계로 환경친화적인 도시 조성이 강조되고 있습니다. 특히, 고층 빌딩은 체 표면적과 만나는 빗물의 양이 지표면으로 한 번에 떨어진다면 재앙에 가까운 물 폭탄이 될 것이므로 15~20층 간격으로 설비층을 두고 우수를 모으는 배수의 디자인은 중요합니다. 배수 불량이 발생할 경우 침수, 곰팡이 형성, 균열 등으로 인해 건물의 구조적 손상이 초래될 수 있으며 공간의 정주성, 거주성의 질과도 직결됩니다. 따라서 설계 단계에서부터 다양한 배수 방식을 고려하고, 건물의 환경 및 지역적 특성에 맞는 배수 솔루션을 적용하는 것이 중요합니다. 배수 시스템은 생활 배수, 오수 배수, 우수 배수, 침투 배수의 네 가지로 구분됩니다. 생활 배수(Greywater Drainage)는 세면대, 욕실, 주방 등에서 발생한 생활용수를 배출합니다. 오수 배수(Sewage Drainage)는 화장실과 정화조에서 발생한 오수를 처리하여 위생적인 환경을 유지하고 하수도로 배출합니다. 우수 배수(Rainwater Drainage)는 빗물과 지하 침투수를 배출하여 침수를 방지하며, 옥상, 도로, 조경 공간에서 빗물을 관리하여 적절한 흐름을 유지합니다. 마지막으로 침투 배수(Permeable Drainage)는 투수성 포장, 침투 트렌치, 지하 저류조 등을 활용하여 물을 흡수하고 지하수 순환을 촉진하며, 지표면의 물을 자연스럽게 스며들게 해 친환경적인 배수를 유도합니다.

배수와 지붕의 디자인_Drainage & Roof Design

지붕의 디자인은 건축의 형태와 내·외부 공간에 영향을 주면서도 물의 흐름과 배수 방식에 상호 영향을 미칩니다. 효율적으로 설계된 지붕 구조는 물을 원활하게 배출하고 누수를 방지하는 데 중요한 역할을 합니다. 지붕의 배수 계획이 부실하면 물이 고여 누수가 발생하고 건물 구조가 손상될 수 있습니다. 따라서 설계 단계에서 지붕 형태에 맞는 배수 방식과 방수 기술을 적용해야

---

24) 빌딩은 시간이 지나면서 미세한 진동과 움직임을 겪으며, 이에 따라 구조체에 균열 발생 가능성이 있다. 균열의 틈으로 물이나 습기가 침투하면 내부 철근이 부식되고, 구조적 강도가 약화되어 최초 설계 기준에 미달할 위험이 있다. 결국, 이러한 손상은 구조적 변형이나 좌굴을 초래할 수 있어 빌딩의 지속 가능성과 안전성에 문제가 된다.

합니다. 평지붕(Flat Roof)은 물이 고일 가능성이 높아 내·외부 배수관을 통해 지붕의 물을 건물 외부로 유도합니다. 이를 위해 방수층(Waterproofing Layer)과 증기 차단층(Vapour Barrier)을 강화하여 누수를 방지하는 것이 중요합니다. 특히 평지붕의 경우 배수 시스템이 적절하지 않으면 지붕에 고인 물이 구조물을 손상시키고 실내로 스며들 수 있어 철저한 방수 및 배수 설계가 필요합니다. 경사지붕 또는 박공지붕(Pitched Roof)은 물이 자연스럽게 흘러내리는 구조로 배수 효율이 높으며, 지붕 경사도가 적절해야 배수 시스템이 원활하게 작동합니다. 처마홈통(Gutter)과 다운스포트(Downspout)를 통해 물을 건물 밖으로 배출하는 방식이 일반적입니다. 곡면지붕(Curved Roof)은 독특한 디자인을 갖고 있지만 물 배출이 비효율적일 수 있어 추가적인 배수 설계가 필요합니다. 곡면을 따라 물이 원활히 흐를 수 있도록 배수로를 설계해야 하며, 방수증을 강화하여 특정 지점에 물이 고이지 않도록 조치해야 합니다. 녹색 지붕(Sedum Roof)은 식물과 토양층이 포함된 구조로 빗물을 흡수하고 일부를 자연 증발시키는 기능을 합니다. 내부에 배수층이 존재하며, 초과 수분을 배출하는 배수 시스템이 필요합니다. 또한, 물의 이동을 고려한 방수층 및 증기 차단층(Vapour Barrier)을 반드시 적용해야 합니다.

건축에서 재료는 단순한 구성 요소가 아니라 공간을 형성하는 본질적인 요소입니다. 건축가들은 다양한 방식으로 공간을 구현하지만, 재료의 선택과 사용에서 자유로울 수는 없습니다. 초기 건축은 인간이 외부 환경으로부터 생존을 위한 필요에서 시작되었지만, 사회가 발전하면서 공간에 의미를 담는 방식으로 변화해 왔습니다. 이 과정에서 재료는 공간의 기능뿐만 아니라 감성과 경험을 결정하는 중요한 요소로 활용되었습니다. 결국 건축가는 형태를 디자인하는 것이 아니라 공간을 제안하는 사람입니다. 인간이 공간에서 경험하고 느끼는 모든 요소를 세심히 고려해야 하며, 공간의 가치와 의미를 결정하는 과정에서 재료는 중요한 역할을 합니다. 다음 장에 실린 프로젝트들은 이러한 관점에서 공간의 가치를 구현하고자 노력했습니다.

WO

Glue-Lam Timber & Bubble deck slab

책으로 향하는 산책길
A walkway to books by wooden joinery structure

'나무에서 종이, 종이에서 책'으로 이어지는 순환적 개념을 건축으로 재해석하여, 목재를 핵심 재료로 삼고 따뜻한 나무 향이 가득한 공간을 제안했다. 두 가지 기술을 활용하여 도서관이라는 공간의 본질과 정체성을 강화했다.

첫째는 글루램(Glulam)을 활용한 결구 구조(Joinery)의 도입이다. 구조용 집성목으로 불리는 글루램은 일반 목재보다 습기에 강하고 내화성이 뛰어나 목재의 장점을 유지하면서도 내구성과 안정성을 강화한 공학 목재다. 한옥의 주심포와 다포에서 볼 수 있는 전통 결구 방식을 현대적으로 응용하여 수십 개의 글루램 부재를 하나의 기둥으로 조합했다. 이 기둥은 지붕 슬래브와 연결 시 단일 지점(Pin-point)이 아닌 다중 지지점을 통해 하중을 분산하도록 설계되어, 구조적 부담을 덜고 안정성을 높인다. 또한, 부재를 켜켜이 쌓아 조합하는 방식의 구법은 스프링과 유사한 완충 장치로 작용해 옥상 산책길에서 발생하는 진동을 흡수함으로써 실내 공간의 쾌적함과 안정감을 향상시키고 사용자 경험의 질을 높인다. 글루램 목재의 나뭇결은 따뜻하고 자연스러운 분위기를 조성하며, 정교한 결구 방식은 기능성과 심미성이 조화를 이루는 건축적 가치를 보여준다.

둘째는 버블 데크 슬래브(Bubble Deck Slab)의 활용이다. 산책로와 도서관 지붕 역할을 겸하는 버블 데크 슬래브는 내부에 인장 철근과 플라스틱 구체(Ball)를 삽입한 경량 철근콘크리트 구조로, 기존 콘크리트 대비 약 35% 가볍고 강성이 우수하다. 이는 기둥 간격(Span)을 넓히는 데 기여하며 하중을 줄이고 구조 및 공간 효율성을 높이는 데 일조한다.

결론적으로, 이 설계는 목재의 기술 혁신과 자연적 감성을 결합하여 지속 가능하고 쾌적한 공간을 조성하며, 도서관의 정체성과 가치를 동시에 구현하려는 의도를 담고 있다.

Pre-fabricated bubbledeck slab

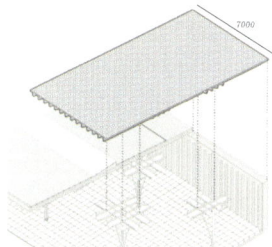

Top view

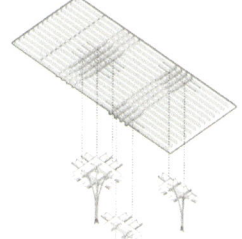

Bottom view

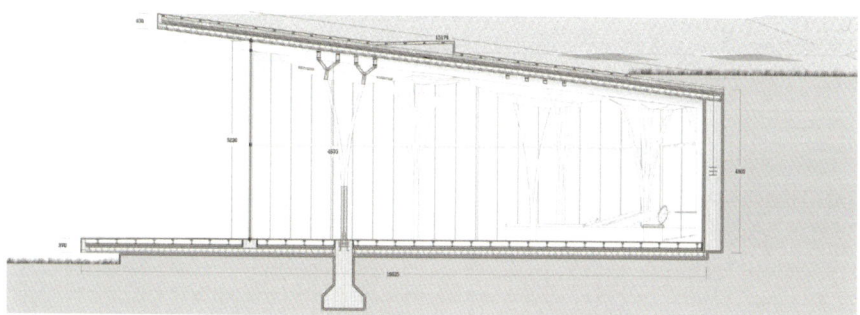

Concrete Footing,
Bubble Deck Slab

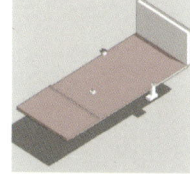

Site-pour Concrete,
Insulation

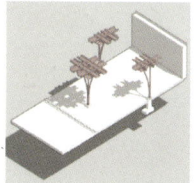

Glu-lam Column

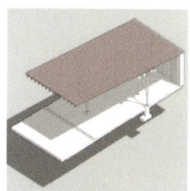

Pre-fabricated
bubbledeck slab

Site-pour Concrete Roof

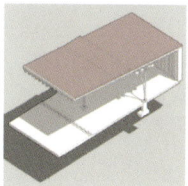

Waterproof membrance,
Insulation

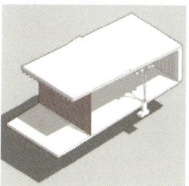

Window Frame

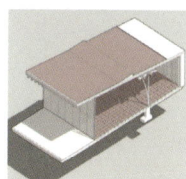

Paving tile, Engineered
Stone finish

Wood

1 THK 20 Engineered Stone
2 THK 20 Paving Tile
3 THK 40 Spring Vibration damper
4 THK 3 Waterproof Membrane - 3 Ply
5 THK 90 Rubber Vibration damping pad
6 THK 60 Glaswool Insulation
7 THK 120 In-situ concrete
8 THK 60 Prefabricated Bubbledeck Slab
9 H 80 Steel Shear Connecter
10 THK 20 Engineered Stone
11 THK 30 Insulation
12 THK 500 Concrete Wall
13 THK 60 Insulation
14 THK 20 Free Access raised Floor Tile 350*500
15 H 90 Support leg
16 THK 60 Insulation
17 THK 120 Site pour concrete
18 THK 60 Prefabricated Bubbledeck slab
19 THK 60 Insulation
20 H 500 Steel Column base joint 160*160
21 Concrete Footing
22 THK 3 Waterproof Membrane
23 THK 20 Engineered Stone
24 Aluminum Window Frame 60*80
25 THK 30 Double-glazed Glass

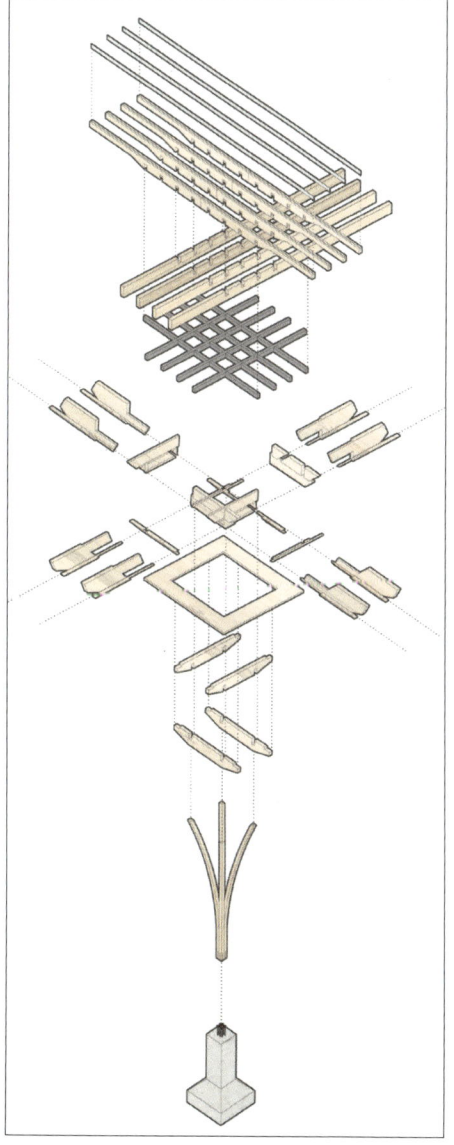

글루램 부재를 활용해 기둥으로 만들었다. 기둥을 부재끼리 서로 겹치고 상부로 갈수록 나무처럼 뻗는 구조를 취해 하중분산에 효과적이다.

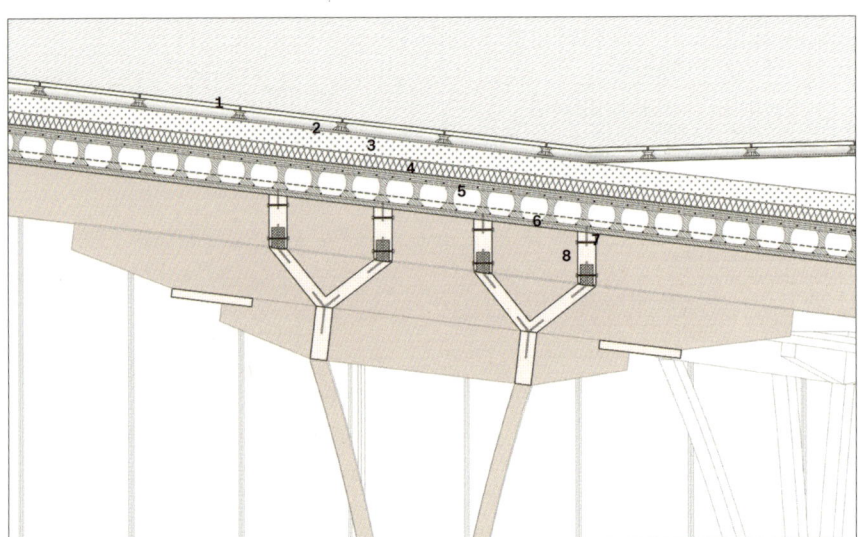

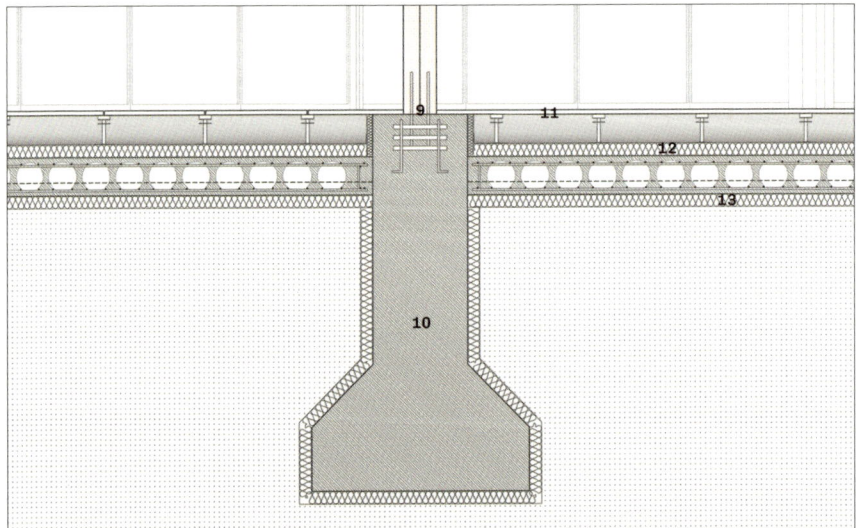

1	THK 20 Paving Tile	8	THK 80 CLT Beam
2	Raised Paving Pedestal	9	H 500 Steel Column base joint 160*160
3	THK 90 Rubber Vibration damping pad	10	Concrete Footing
4	THK 60 Insulation	11	THK 20 Free Access raised Floor Tile 350*500
5	THK 120 Site pour concrete	12	THK 60 Insulation
6	THK 60 Prefabricated Bubbledeck Slab	13	THK 90 Insulation
7	H 80 Steel Shear Connecter		

032   Materials & Spatial Qualities in Architecture

1 Bubble deck roof
2 THK 80 CLT Beam
3 THK 80 Glu-lam Crown
4 80x80 CLT Column
5 Glass Facade

Glulam timber lattice-grid

깔때기 구조를 활용한 천창과 놀이 공간
Funnel and inverted funnel

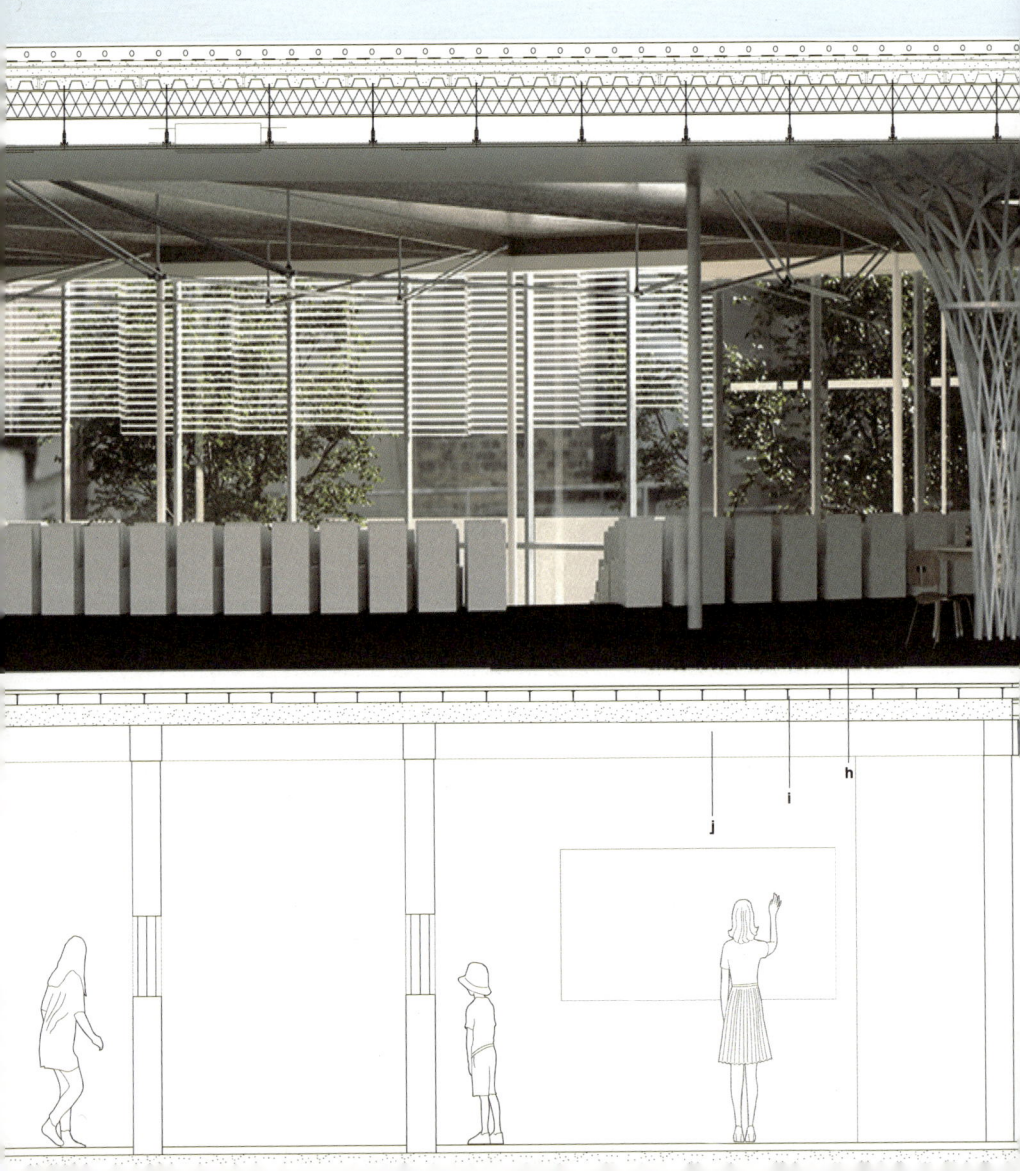

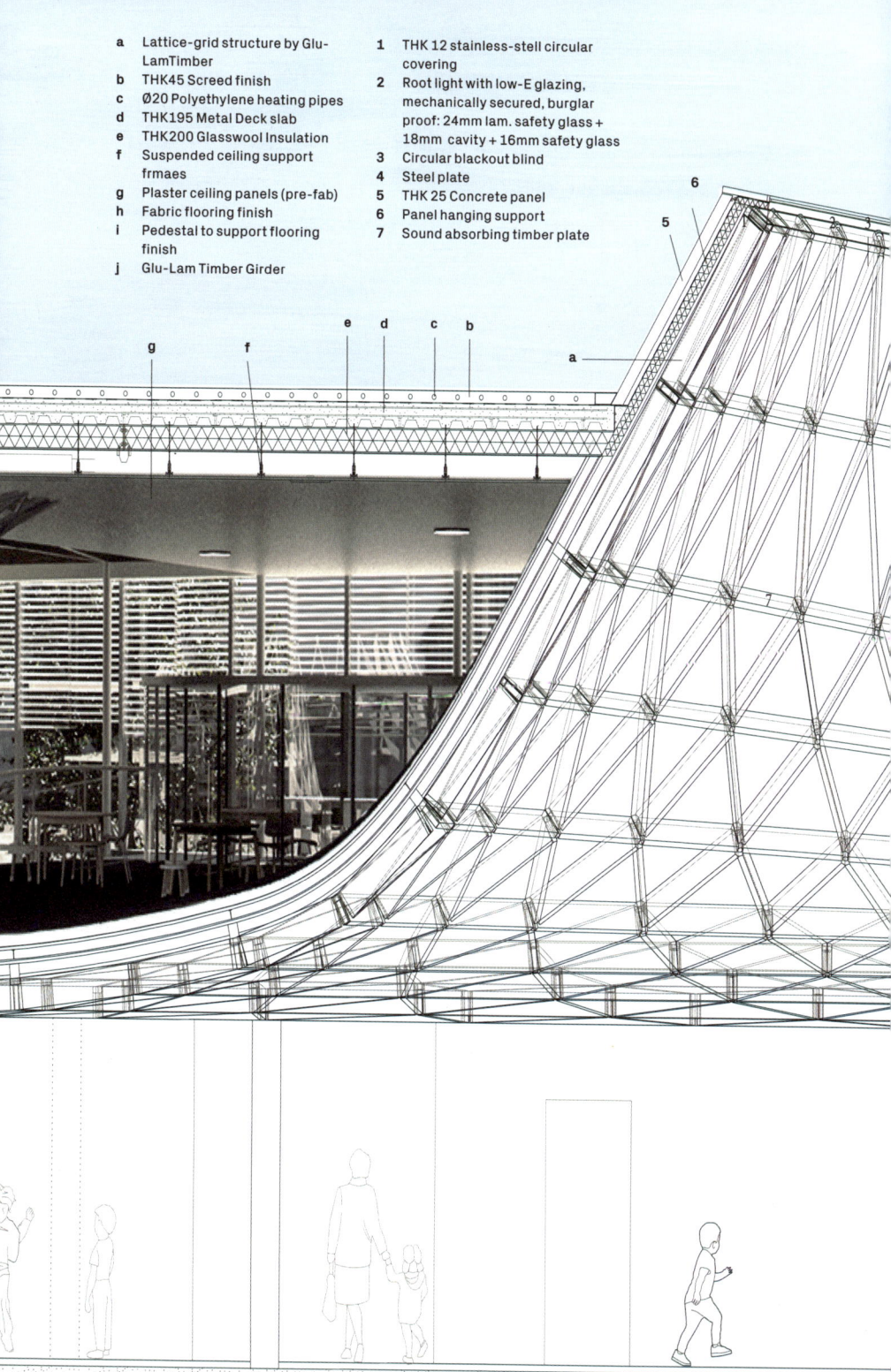

106m x 70m 규모의 대지 위에 설계된 초등학교는 2개 층 규모, 주 사용층(1층)은 5개의 교실을 하나의 클러스터로 묶어 동심원 형태로 배치했으며, 그 중심에는 실내 놀이 공간과 로비 같은 공공 영역이 자리하고 있다. 학생들은 교실 문을 나서는 순간 자연스럽게 모여 어울릴 수 있는 공공 공간을 만나게 되며, 학교 관리자들은 아이들을 한눈에 파악할 수 있어 안전 사고에 대비할 수 있다.

중심 공간은 교실로 둘러싸여 있어 외부와 통하는 창을 설치할 수 없는 한계를 가지고 있다. 이를 해결하기 위해 뒤집힌 원형 깔때기(Funnel) 형태의 글루램 격자 그리드 구조를 도입하여 천창을 통해 자연광을 지붕에서 1층까지 끌어들였다. 깔때기 형태의 수직 기둥은 지붕 슬래브(Roof Slab)를 지지하면서 하중을 분산시켜 기둥의 개수를 최소화하고, 지붕 하부 공간을 유연하게 사용할 수 있도록 한다.

깔때기 구조는 편백나무로 제작한 글루램을 사다리꼴 패턴으로 교차해 강성과 안정성을 높였다. 편백나무는 항균성과 방충성을 가진 피톤치드를 포함하고 있어 어린이 시설과 같이 인체에 민감한 환경에서 사용하기 적합하며, 밝고 따뜻한 색감과 자연스러운 향이 실내 공간의 감각을 풍부하게 만든다.
결과적으로 깔때기 형태의 천창은 균질한 빛을 제공하여 실내를 환하게 비추며, 기둥의 제약이 적은 열린 공간은 아이들이 자유롭게 어울리며 관계를 형성할 수 있는 공간적 환경을 조성한다.

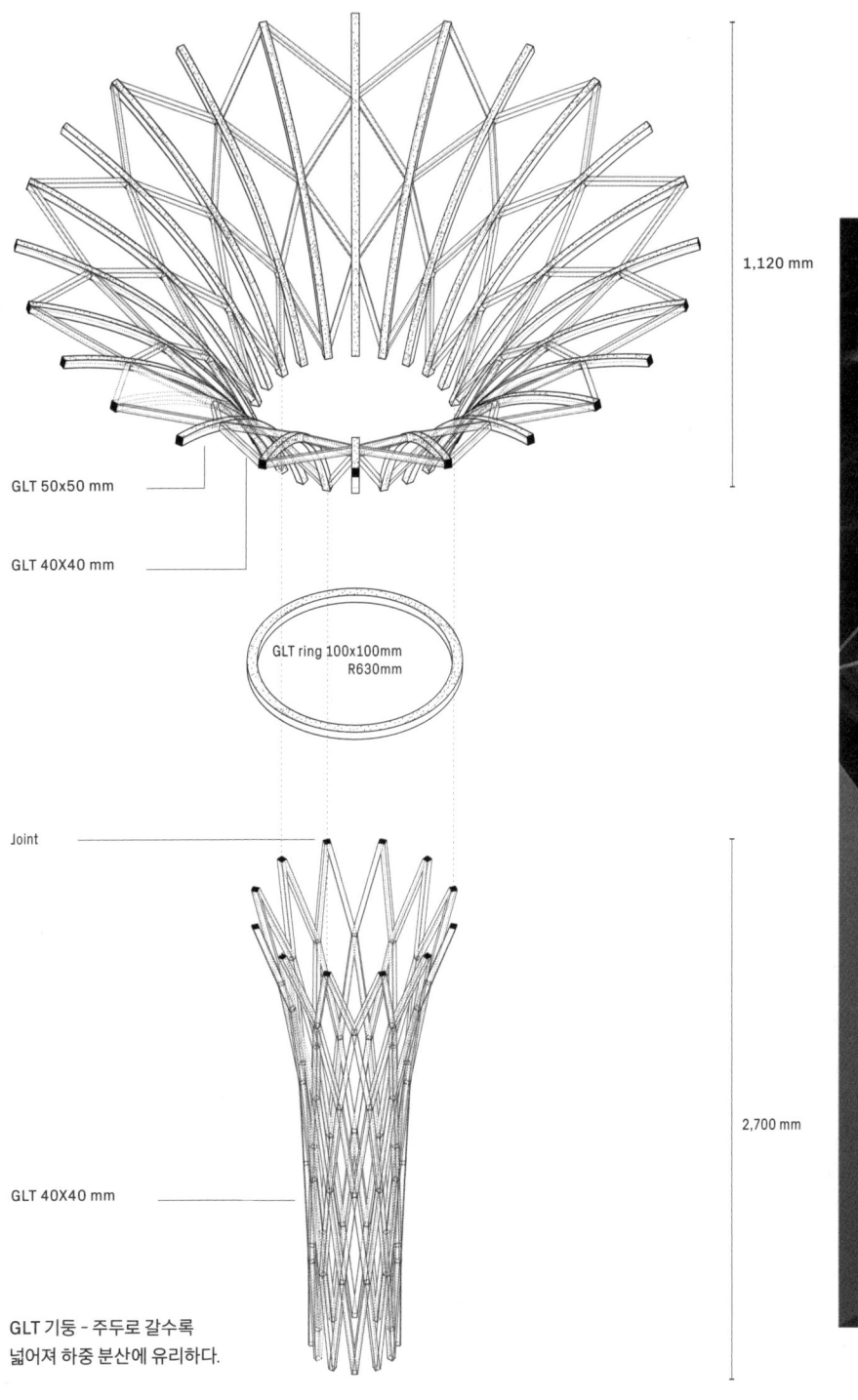

글루램 구조를 활용해 깔대기 모양을 만들었고, 중앙에 있는 천창을 통해 내부로 빛이 스며든다.

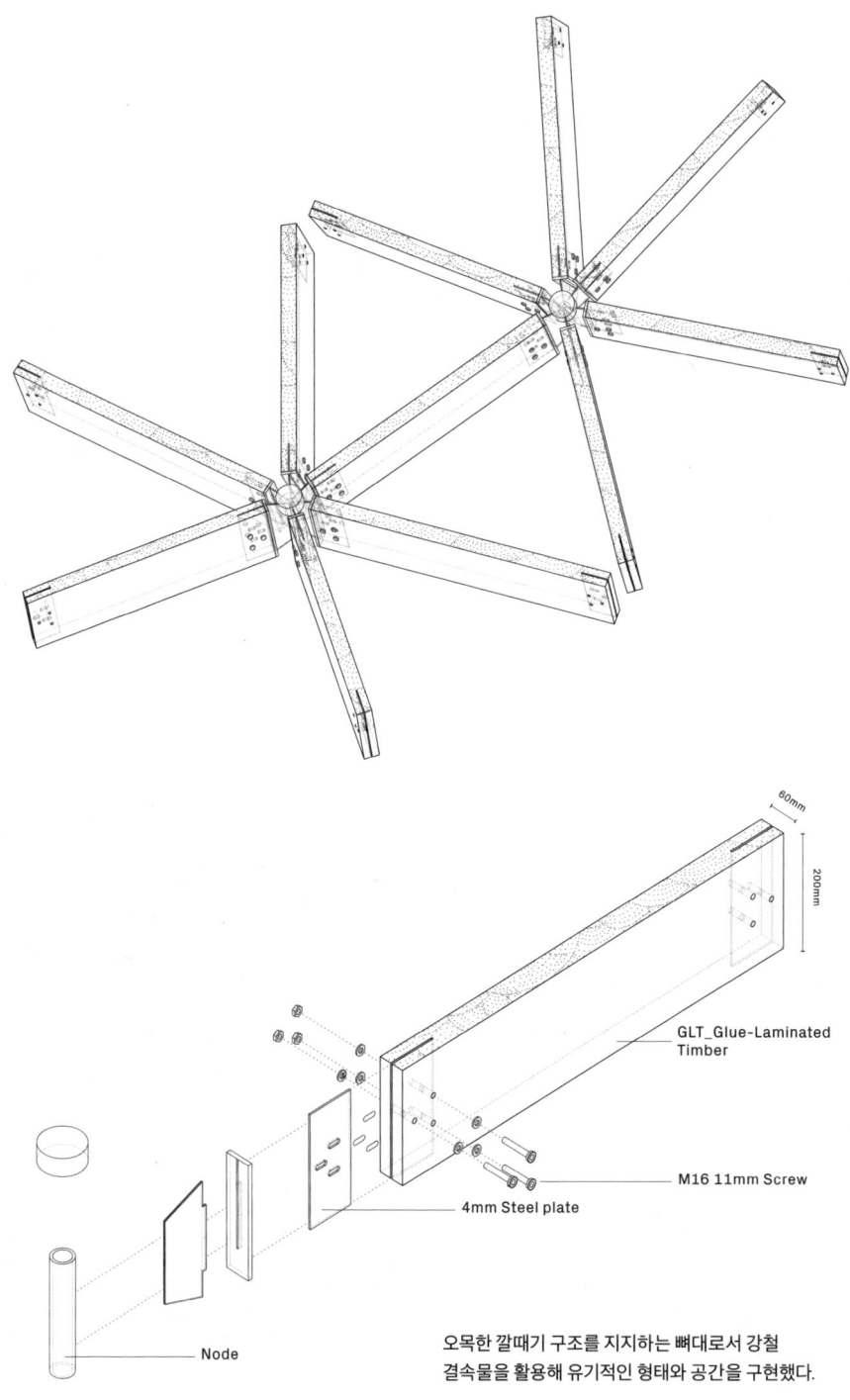

오목한 깔때기 구조를 지지하는 뼈대로서 강철 결속물을 활용해 유기적인 형태와 공간을 구현했다.

Wood

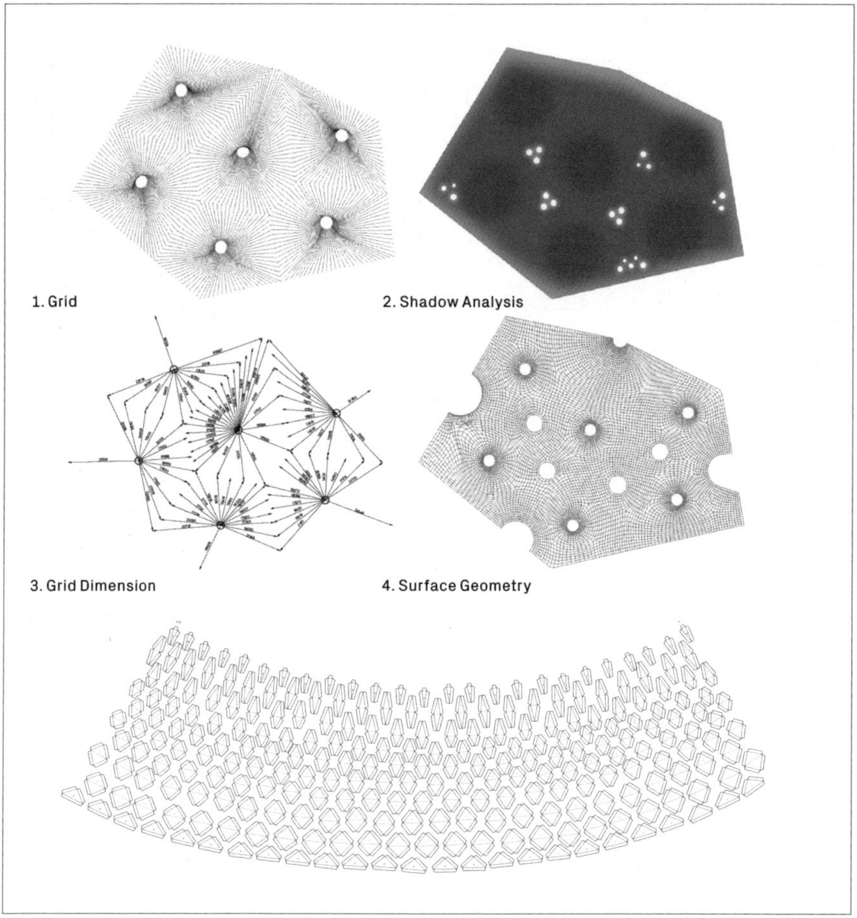

1. Grid
2. Shadow Analysis
3. Grid Dimension
4. Surface Geometry

Slab geometry analysis, Unrolled Pieces

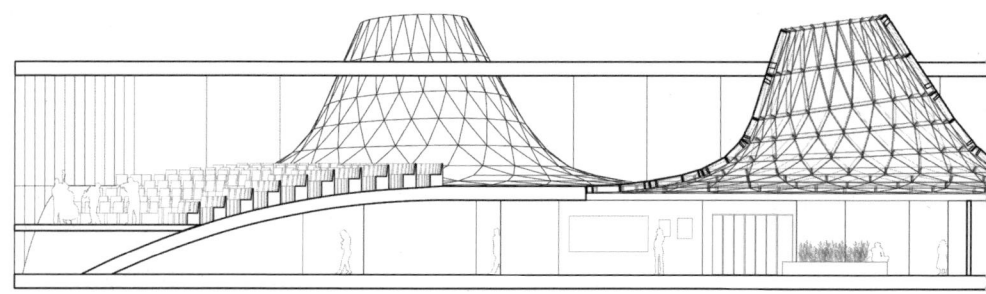

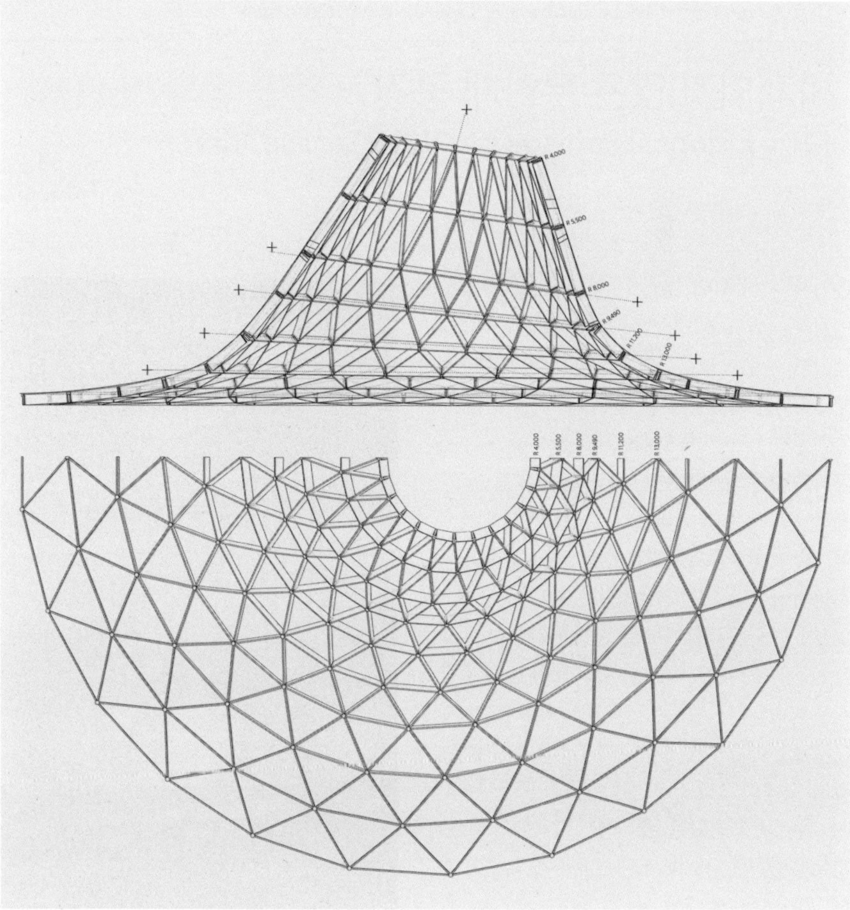

Roof structure, Funnel shaped

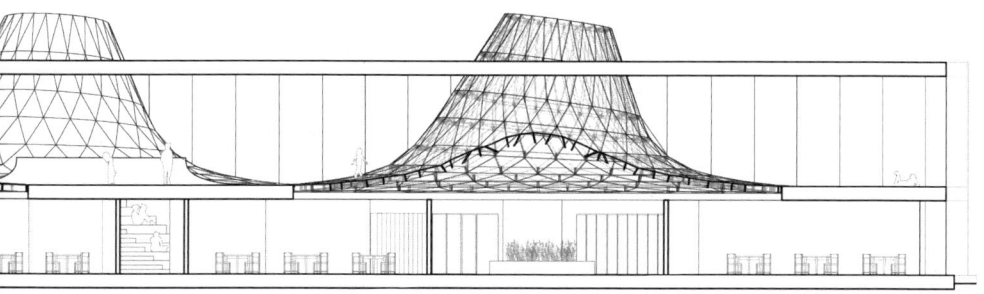

CLT (Cross laminated timber) & Tensile wire structure

박제되지 않은 문화재 공간
Alive historical heritage by CLT & Tensile wire

문화재는 보존(Preservation)의 대상이지, 박제(Taxidermy)의 대상이 아니라고 생각한다. 도심 주거지의 녹지이자 산책로였던 풍납토성은 발굴 이후 문화재 보호라는 이유로 주민들의 접근이 어려워졌다.
토성을 보존하면서도 다시 주민들에게 돌려주기 위해, 목구조를 활용해 토성 일부를 공중에서 둘러싸고 산책길과 오픈마켓 등 사람들이 더 가까이 느낄 수 있는 장소를 제안했다.
토성을 감싸는 대형 구조는 선형 목재의 직관적인 반복으로 직조되며, 아늑한 둥지와 같은 형상이다. 구조체의 틈새로 시시각각 다르게 들어오는 빛은 하부의 토성을 부드럽게 밝혀, 다양한 구도의 풍경을 만들어낸다.
CLT(구조형 집성목판)는 눈, 비, 습기, 온도 변화 등 외부 환경에 강하며, 뒤틀림과 수축·팽창이 적고 높은 강도로 대형 구조물과 외부 조건에 적합한 재료다.
또한, 사하중(Dead Load)뿐만 아니라 움직이는 진동(MovingLive Load)까지 고려하여 장력강 와이어(Tensile Steel Wire)와 CLT를 조합하여 강도와 유연성을 동시에 확보했다.
이 재료의 시스템은 접근이 어려웠던 문화재를 보존함과 동시에 주민들이 다가갈 수 있는 길, 생활의 일부가 되는 장소로 탈바꿈시켰다.
풍납토성은 단순히 관람을 위한 유물이 아니라, 살아 숨 쉬며 사람들과 교감하는 문화재로 자리 잡게 될 것이다.

1 Bolting joint for wire - slab
2 Concrete foundation
3 Ø 40 Wire hanger Nail
4 Structural tension anchor
5 Timber structure
6 Thk 200 W 80 Timber structure
7 Mild carbon steel Flooring mesh

046   **Materials & Spatial Qualities in Architecture**

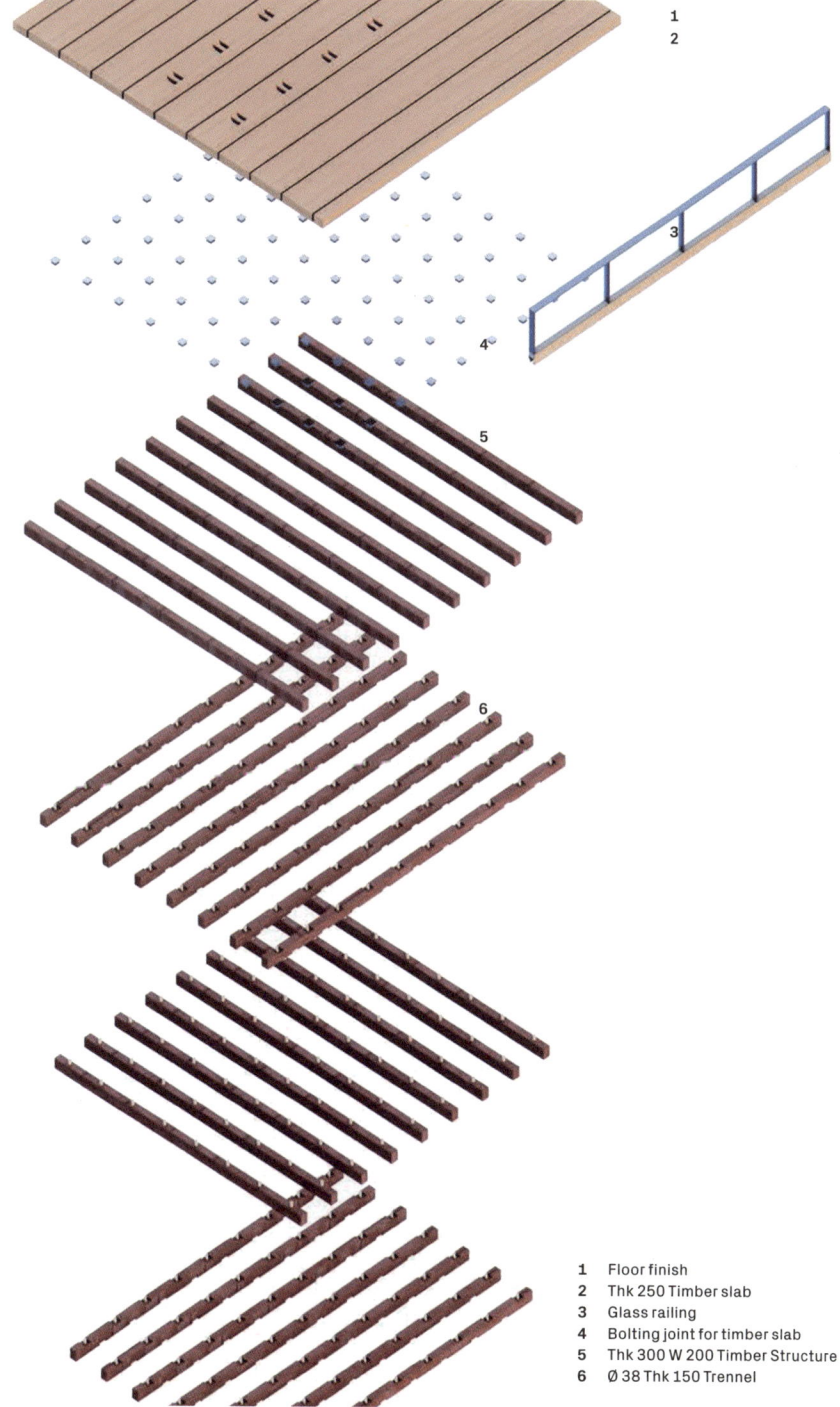

1 Floor finish
2 Thk 250 Timber slab
3 Glass railing
4 Bolting joint for timber slab
5 Thk 300 W 200 Timber Structure
6 Ø 38 Thk 150 Trennel

Wood

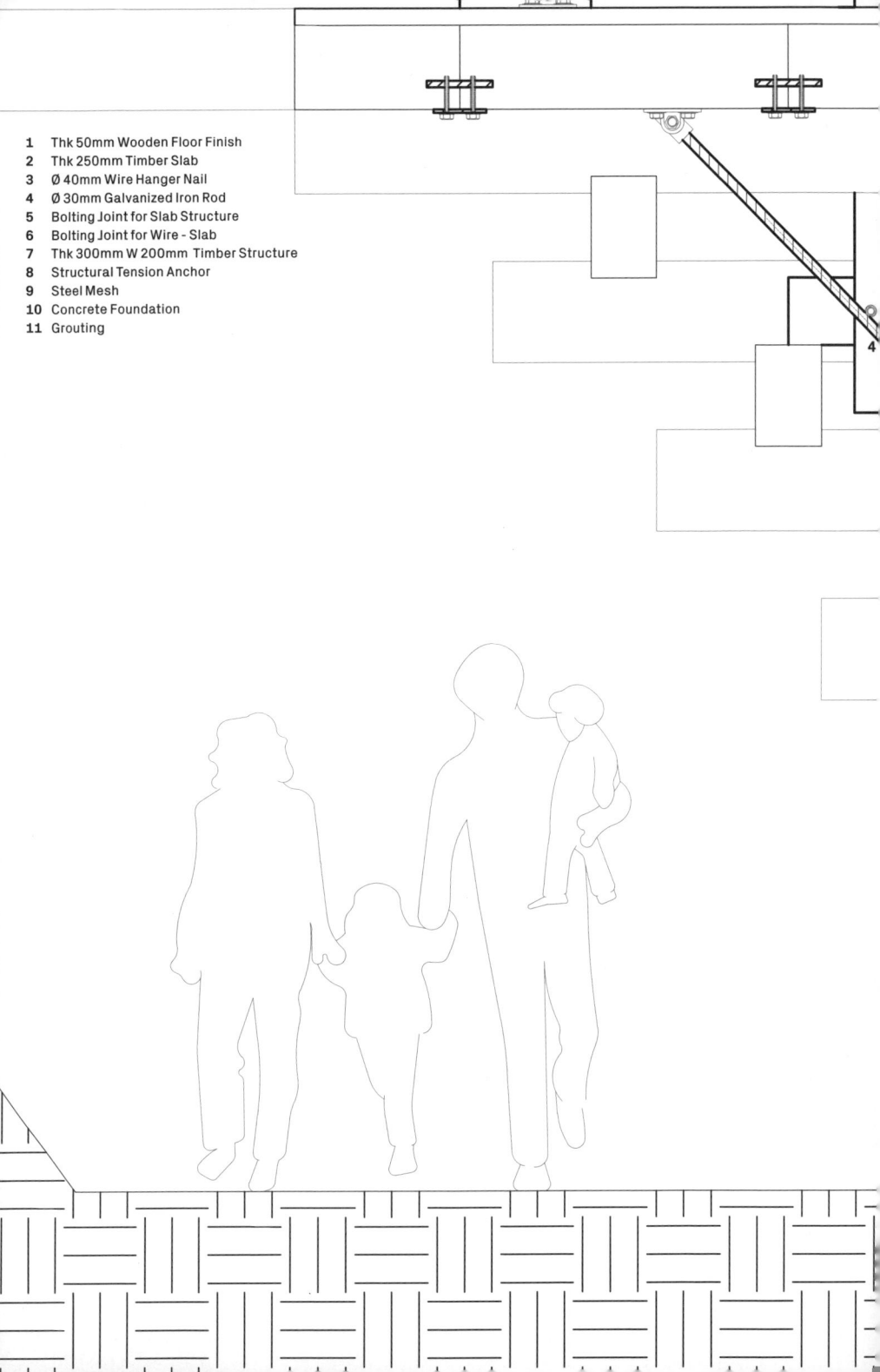

1 Thk 50mm Wooden Floor Finish
2 Thk 250mm Timber Slab
3 Ø 40mm Wire Hanger Nail
4 Ø 30mm Galvanized Iron Rod
5 Bolting Joint for Slab Structure
6 Bolting Joint for Wire - Slab
7 Thk 300mm W 200mm Timber Structure
8 Structural Tension Anchor
9 Steel Mesh
10 Concrete Foundation
11 Grouting

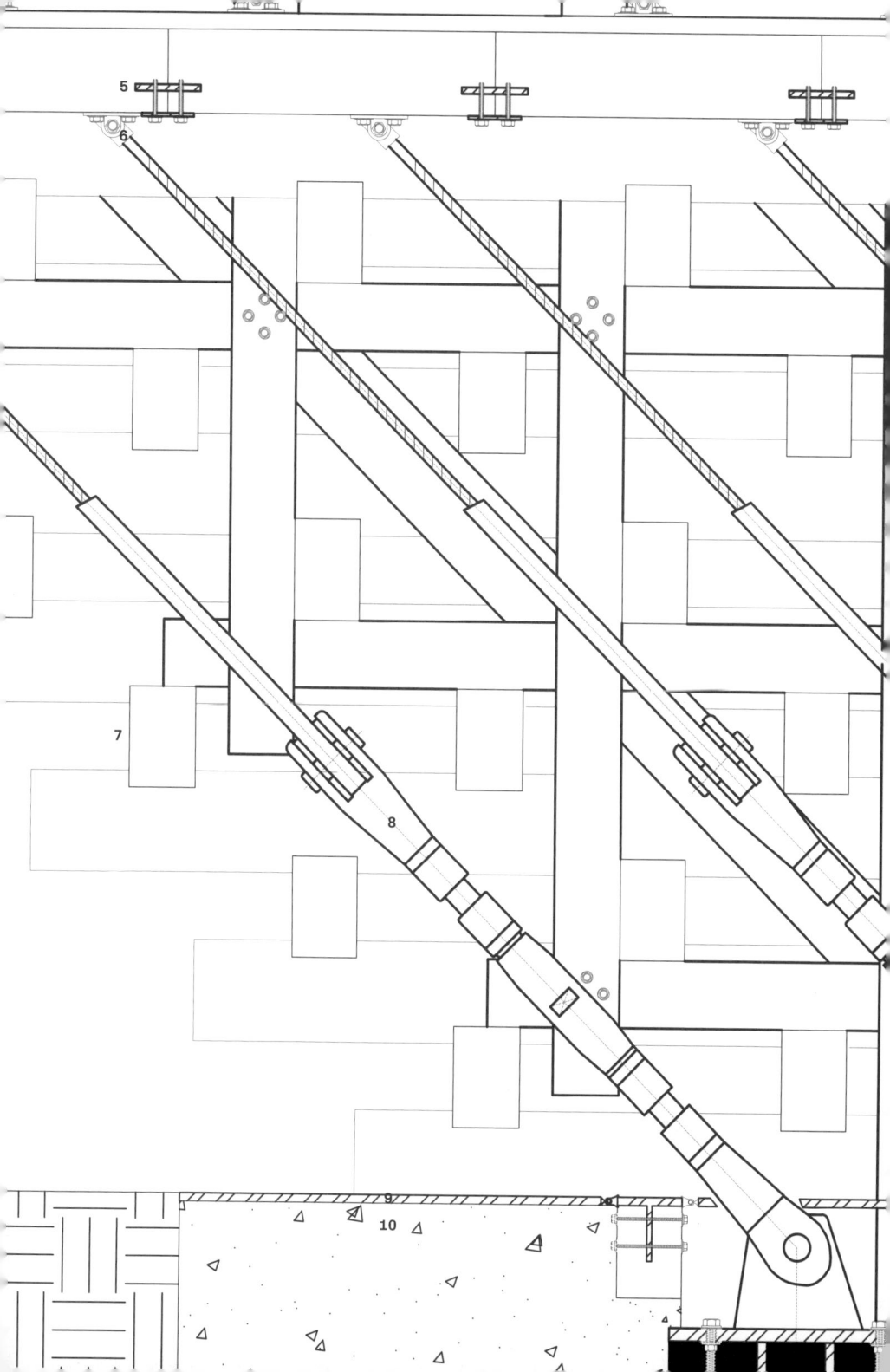

SCL (Structural composite lumber) & Brick

하늘과 별이 보이는 숲속 노천탕
A forest open-air thermal bath offering the starry sky views

서울의 매력은 도심과 숲이 가까이 공존한다는 점이다. 서울 중심부 광화문에서 차로 5분 거리에 위치한 서대문구 안산의 등산로 입구에, 등산객과 주민들을 위한 숲속 노천탕을 제안했다. 산자락에 뿌리내린 나무와 흙의 공생처럼, 이 외부 공간은 목재와 벽돌을 주요 재료로 사용하여 자연적이고 따뜻한 공간을 구현했다. 480mm 두께의 내력벽 구조를 적용했으며, 조적벽 내측은 열을 전달하는 구리관을 삽입한 뒤 얇은 벽돌로 마감하여 축열 기능을 제공한다. 이는 눈 내리는 겨울과 봄, 가을에도 변화하는 숲의 풍경을 감상하며 노천탕을 즐길 수 있도록 설계되었다. 벽의 두께와 하중에 따른 횡력을 보강하기 위해 60×280mm 크기의 SCL(복합구조재)을 사용했다. SCL은 구조재이자 합성 목재로, 온도와 습기, 물에 노출되어도 뒤틀림이나 변형이 적어 수증기와 따뜻한 물을 담아내는 공간에 적합하다. 벽돌과 목재는 'U'자형 금속 분리 부재로 연결해, 재료 간 접촉을 최소화했고 각각의 수축과 팽창을 효과적으로 고려했다. 목구조는 독립형 콘크리트 기초 위에 구축되어 안정성과 내구성을 동시에 확보했다.
이 설계는 숲과 조화로운 공존을 목표로 하며, 계절에 따라 변화하는 자연 풍경과 함께 하늘과 별을 감상할 수 있는 특별한 노천탕이다.

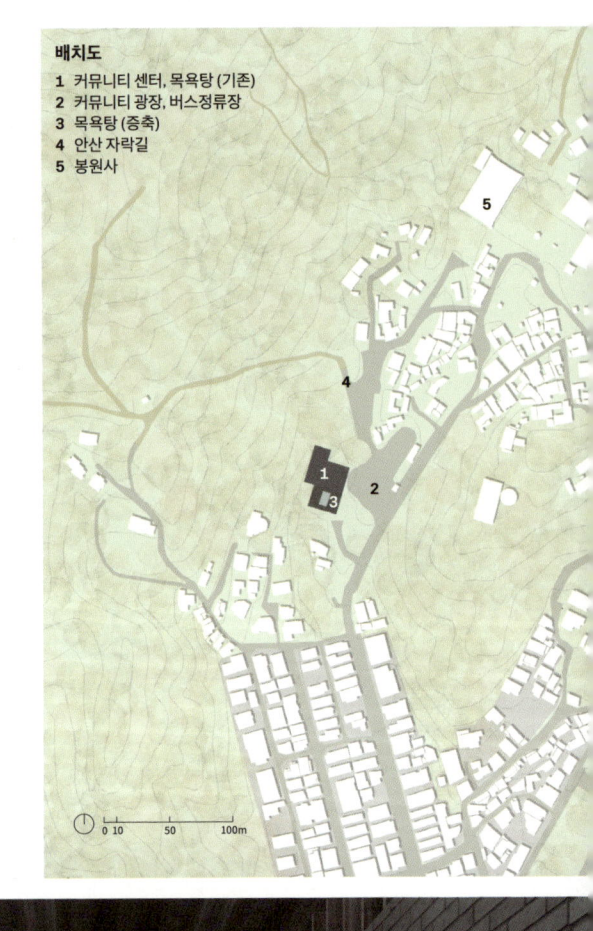

배치도
1 커뮤니티 센터, 목욕탕 (기존)
2 커뮤니티 광장, 버스정류장
3 목욕탕 (증축)
4 안산 자락길
5 봉원사
5
4
1
2
3
0 10
50
100m

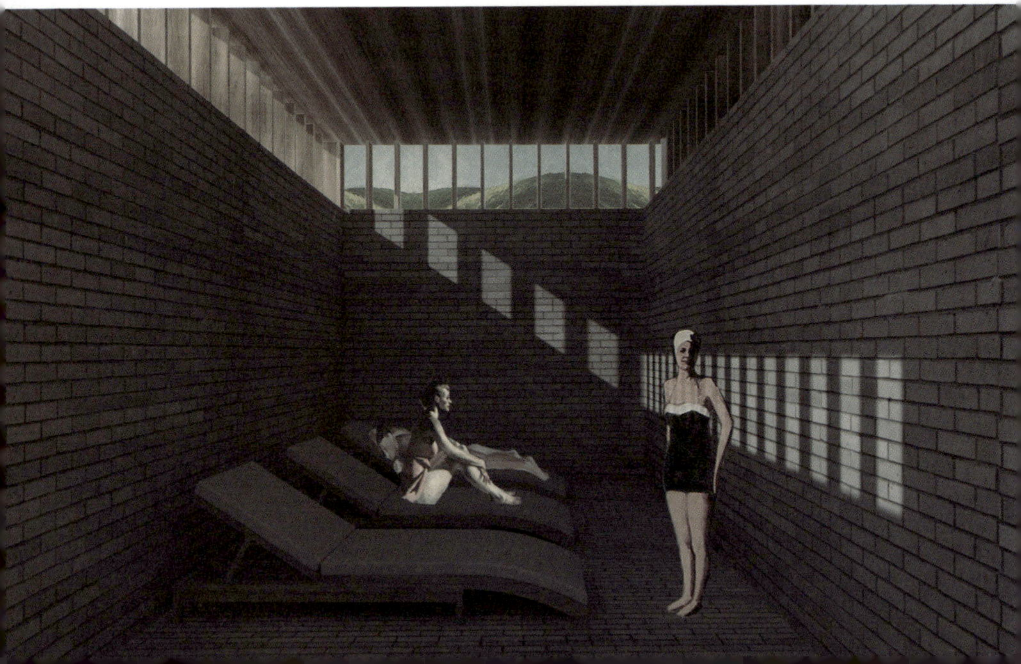

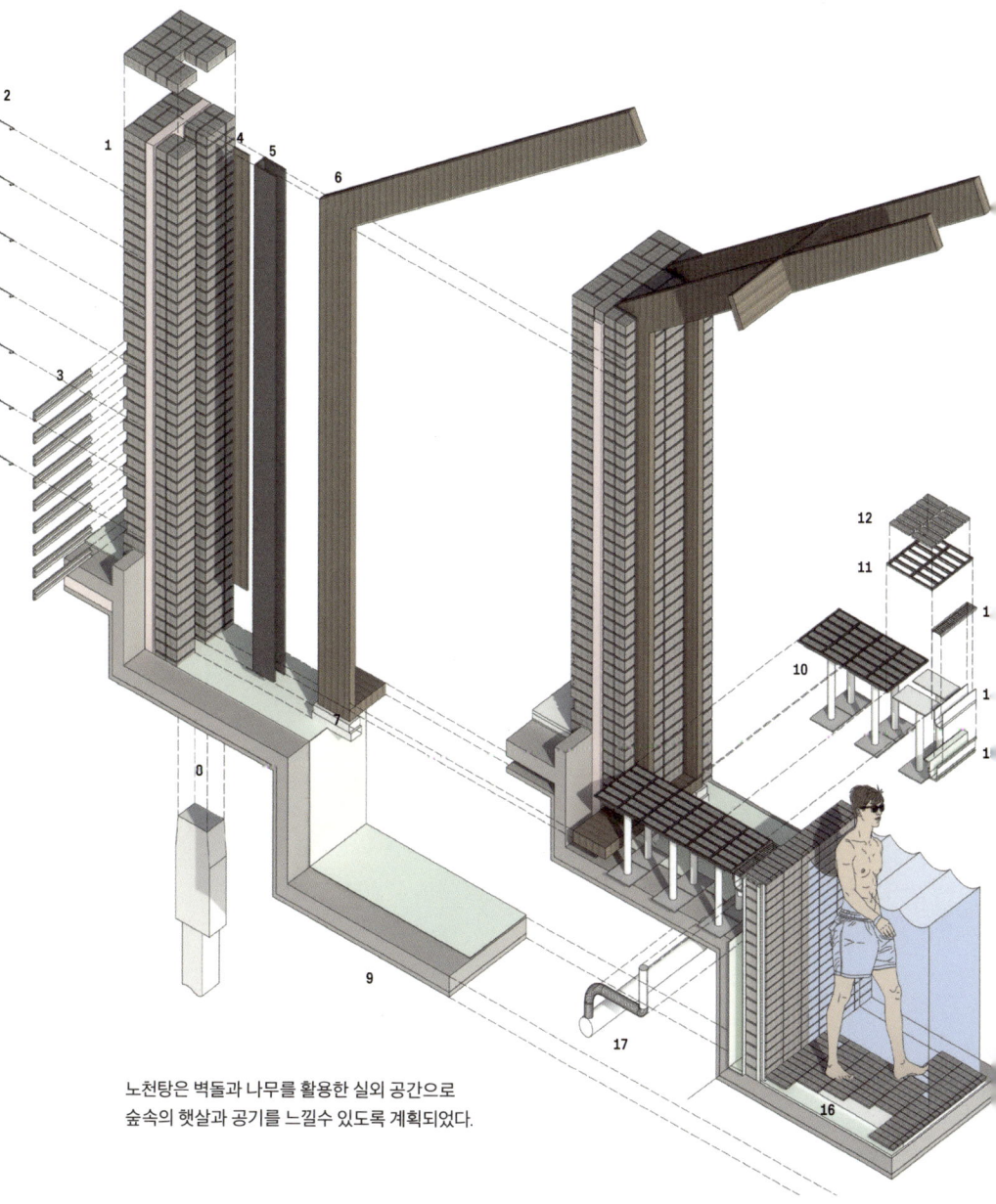

노천탕은 벽돌과 나무를 활용한 실외 공간으로
숲속의 햇살과 공기를 느낄수 있도록 계획되었다.

1 Load bearing wall 480mm
2 Wall tie, stainless steel
3 Φ 12 copper pipe
4 Fin, holding timber member
5 Stud, holding timber structure
6 Laminated wood 60*280mm
7 Foundation support stone
8 Concrete foundation
9 Mortar 50, concrete 100
10 Acces floor system
11 Stainless steel grid fasten tile
12 Brick tile
13 Trench
14 Rail
15 Waterproof layer
16 Resin/asphalt waterproof
17 Drainage underground

Wood

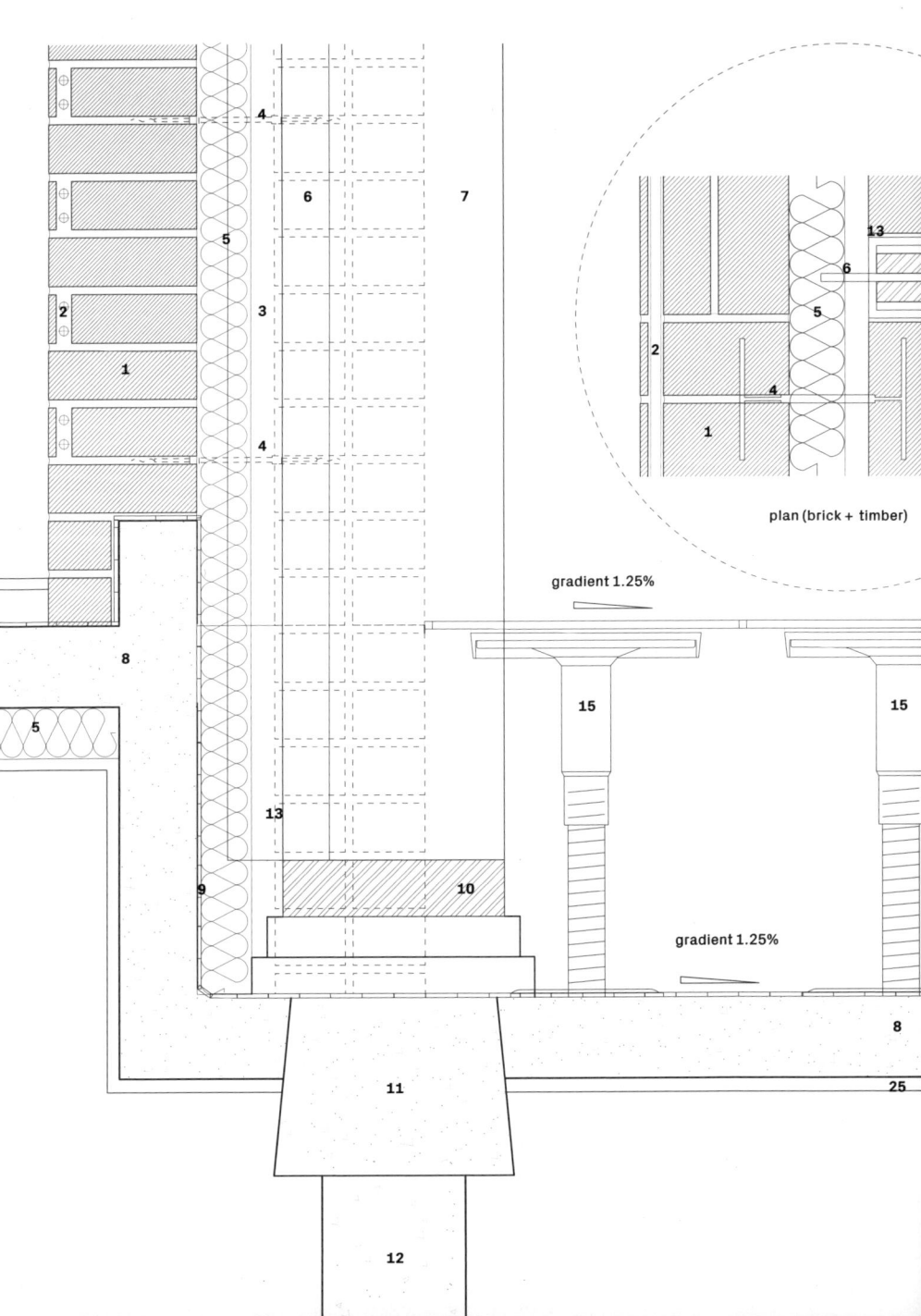

plan (brick + timber)

gradient 1.25%

gradient 1.25%

1	190*60*60 grey brick wall	
2	Φ 12 copper pipe for heating	
3	Cavity for ventilation	
4	Wall tie, stainless steel	
5	Insulation thk 70mm	
6	Laminated timber structure	
7	60*280*3000 laminated timber	
8	Foundation concrete	
9	Water proof layer, concealed	
10	Laminated wood joint with n.7	
11	Foundation concrete	
12	Foundation pile	
13	Stud, holding timber	
14	Spacer	
15	Access floor foundation	
16	2*3 tile brick package	
17	50*180 brick tile	
18	Stainless steel frame	
19	Metal trench, painted	
20	Drainage, concealed	
21	Φ 60 plastic pipe drainage	
22	Φ 120 plastic pipe drainage	
23	Cement brick	
24	Resin 30mm, asphalt 10mm, mortar 30mm, brick tiel 10mm	
25	Blinding concrete	

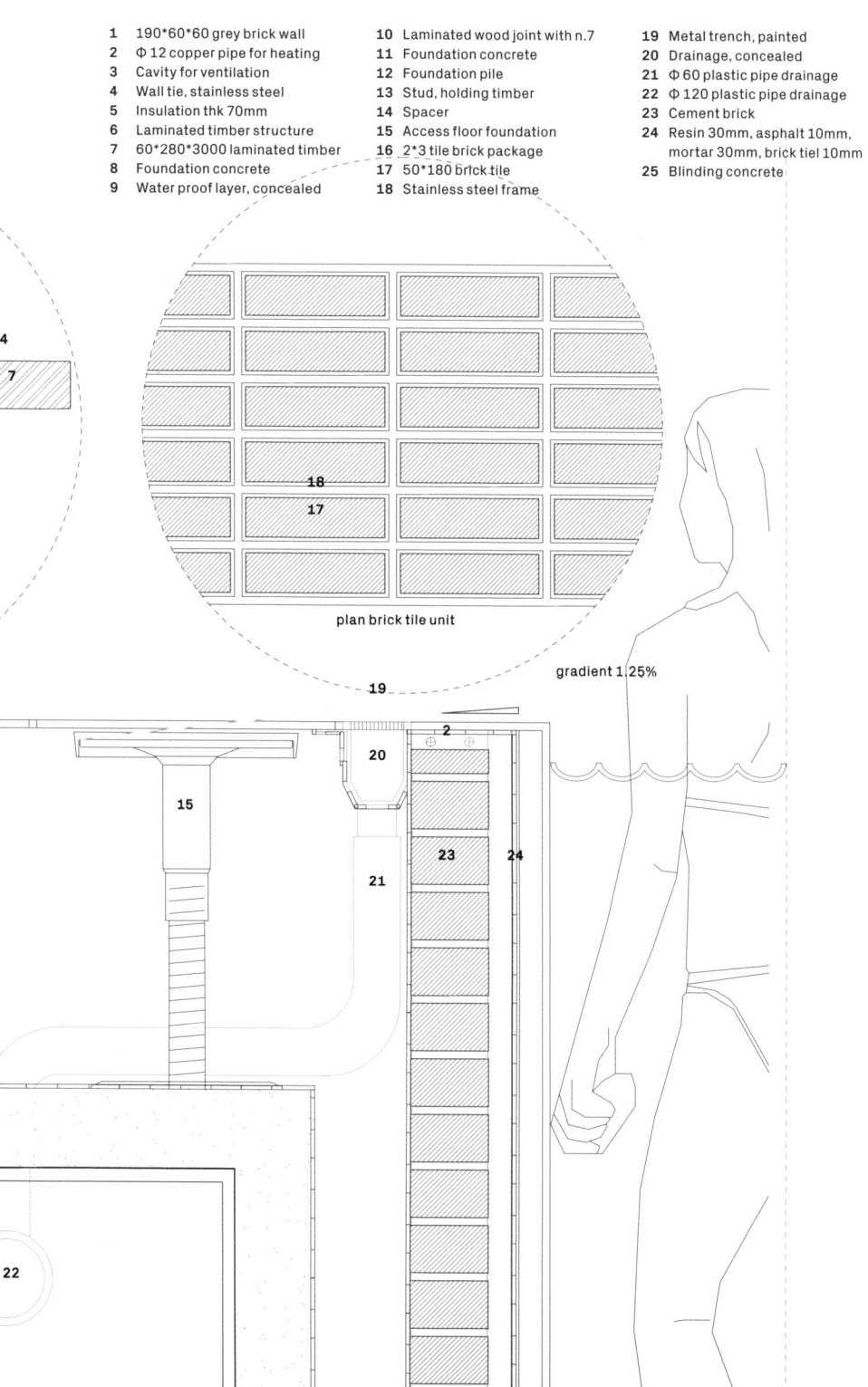

plan brick tile unit

gradient 1.25%

STO
& BR

Gabion & CLT

개비온을 활용한 조각된 빛의 공간
Scattered light through Gabion wall

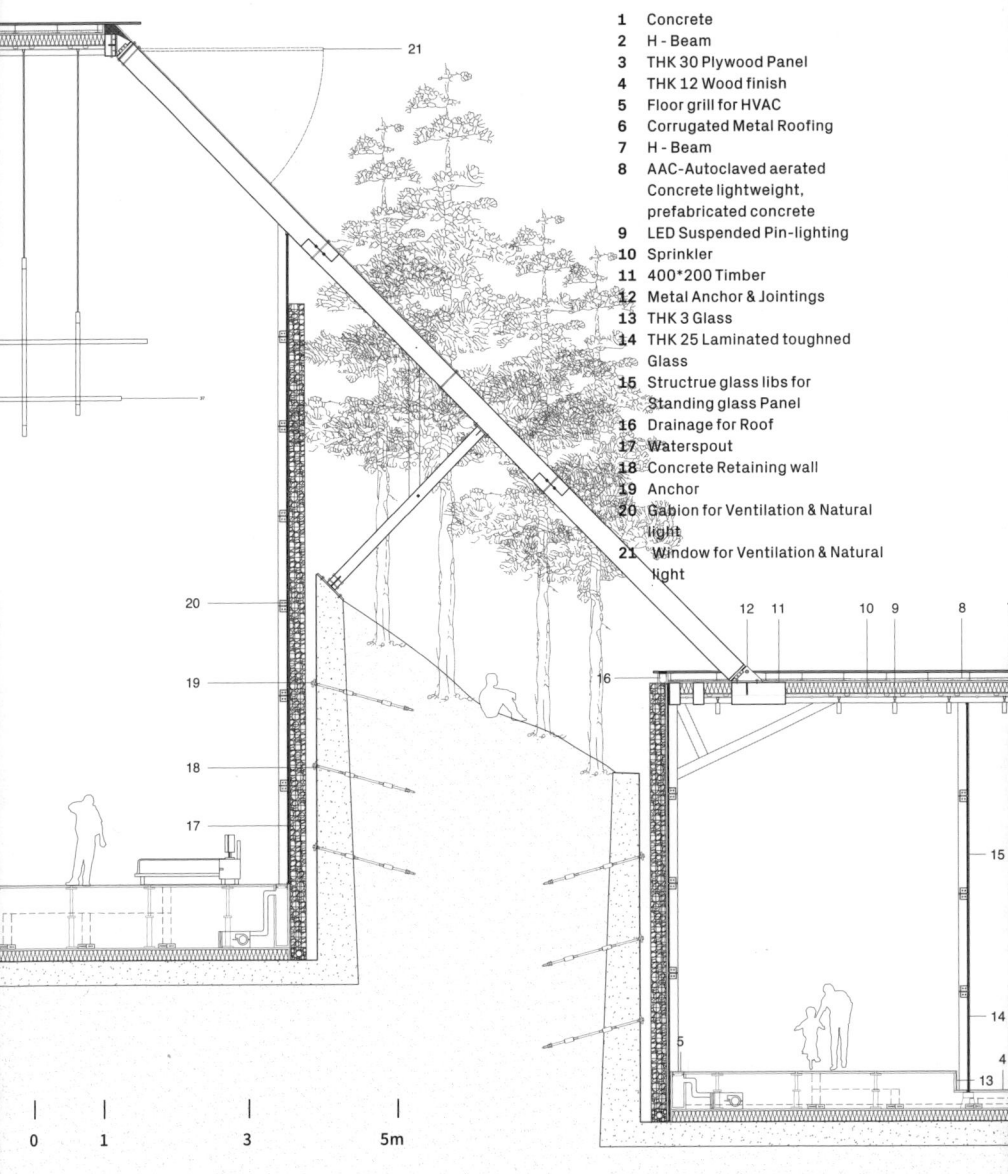

1. Concrete
2. H - Beam
3. THK 30 Plywood Panel
4. THK 12 Wood finish
5. Floor grill for HVAC
6. Corrugated Metal Roofing
7. H - Beam
8. AAC-Autoclaved aerated Concrete lightweight, prefabricated concrete
9. LED Suspended Pin-lighting
10. Sprinkler
11. 400*200 Timber
12. Metal Anchor & Jointings
13. THK 3 Glass
14. THK 25 Laminated toughned Glass
15. Structrue glass libs for Standing glass Panel
16. Drainage for Roof
17. Waterspout
18. Concrete Retaining wall
19. Anchor
20. Gabion for Ventilation & Natural light
21. Window for Ventilation & Natural light

Materials & Spatial Qualities in Architecture

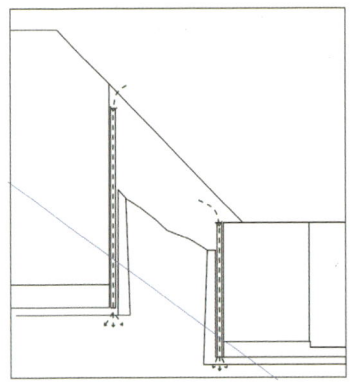
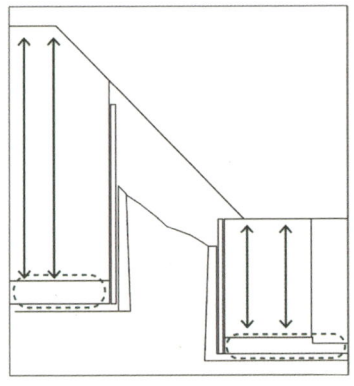

01. 개비온은 유리벽을 바깥에서 감싸고 옹벽과 이격을 둠으로써 빛을 끌어들이고 통풍을 유도해 결로를 방지한다.

02. 산의 자연 경사를 활용해 층고를 높게 만들고 바닥 공조를 통해 냉난방을 계획했다.

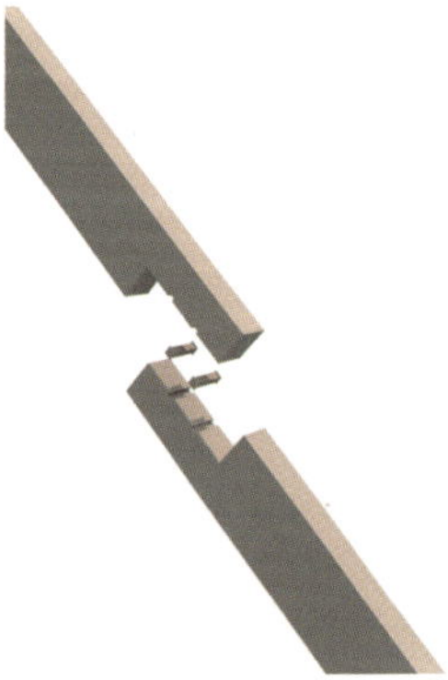

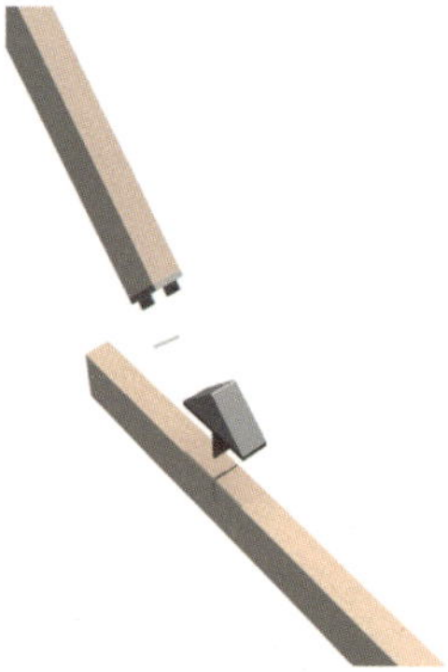

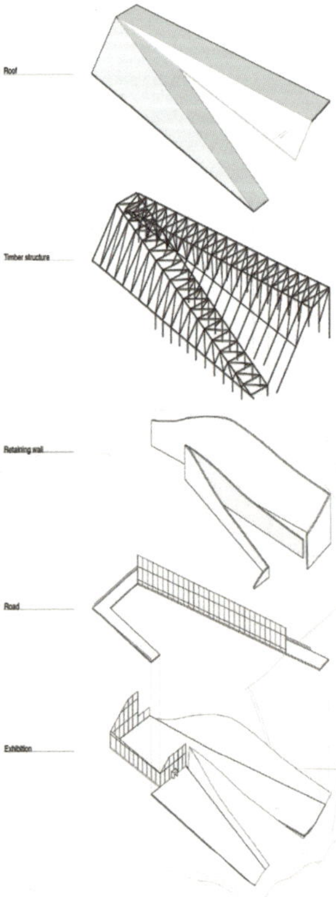

산의 지형을 따라 형성된 빌딩의 구조는 글루램 목재와 철재 결속물(브라켓, 나사, 볼트 등)을 활용해 숲속의 맥락에 부합하는 공간을 제안했다.

폐쇄된 산속 약수터를 재활성화하기 위해 사람들이 다시 모일 수 있는 새로운 프로그램을 제안했다.

본 프로젝트의 핵심은 경사지 지형을 활용하여 반지하 형태로 전시와 공연 이벤트를 위한 다목적 홀을 계획하는 것으로, 자연환경과 조화를 이루면서도 실용성을 극대화하는 데 중점을 두었다.

숲속의 어두운 환경에 자연광을 유입하기 위해 돌로 만든 개비온(Gabion)과 유리를 외피(Cladding Material)로 채택했다.

개비온은 돌 사이로 스며드는 조각난 햇살을 실내로 끌어들이며, 시간과 계절의 변화에 따라 빛의 다양한 질감과 패턴이 전시와 공연의 독창적인 배경을 형성한다.

동시에 이 외피는 경사지에서 흙이 유실되는 것을 방지하는 구조적 역할을 한다.

구조적으로는 목재 CLT 트러스를 사용하여 기둥 개수를 최소화하고, 전시 공간의 개방감을 극대화했다. 건축물은 산의 자연 지형을 따라 배치된 대형 램프(Ramp) 구조로 설계되어, 내부에서도 마치 산속을 산책하는 듯하다.

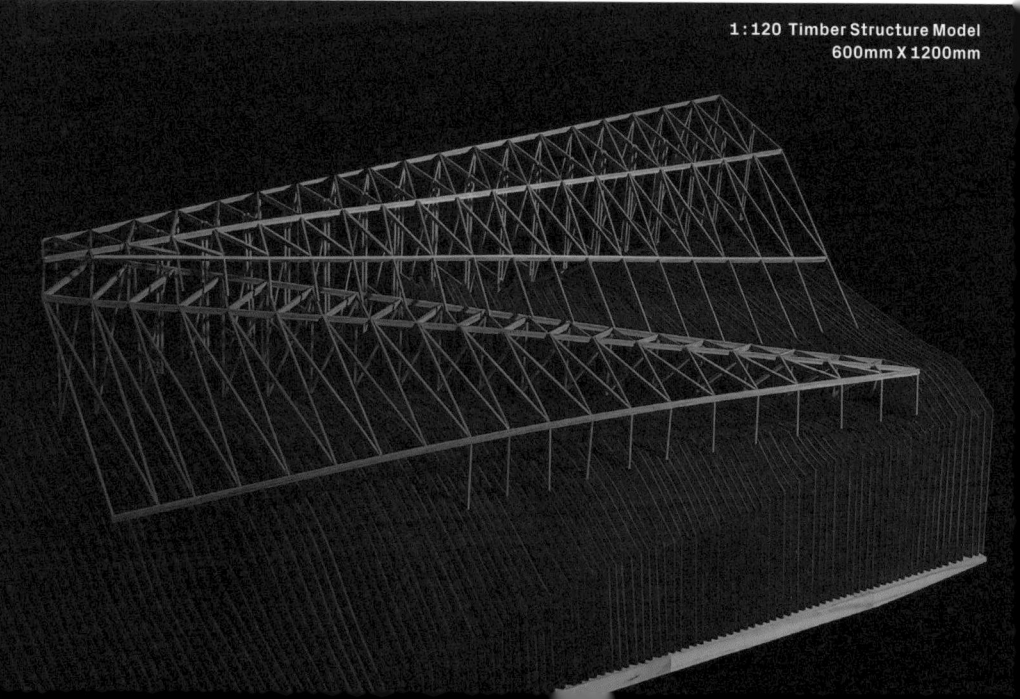

1:120 Timber Structure Model
600mm X 1200mm

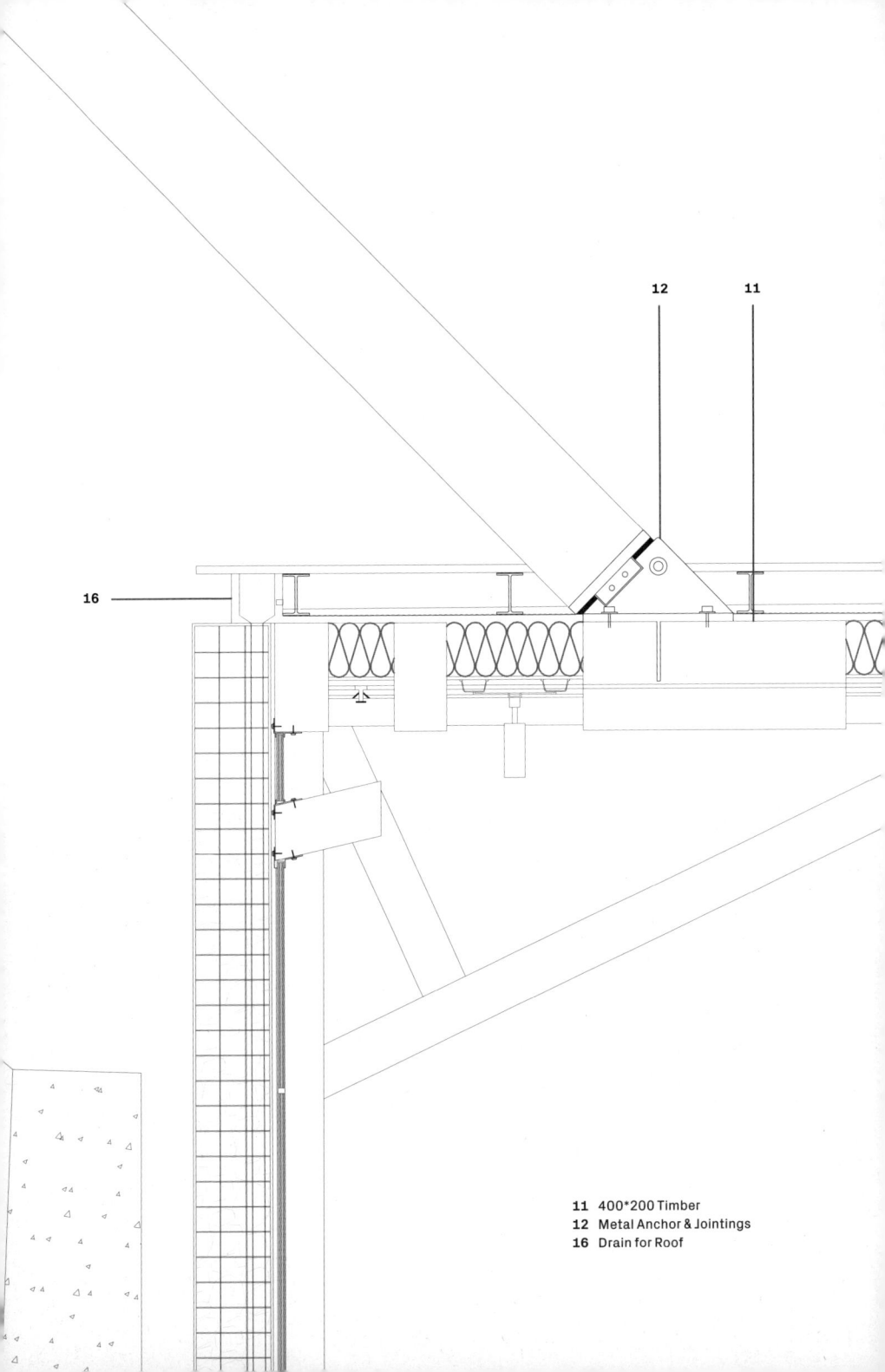

11 400*200 Timber
12 Metal Anchor & Jointings
16 Drain for Roof

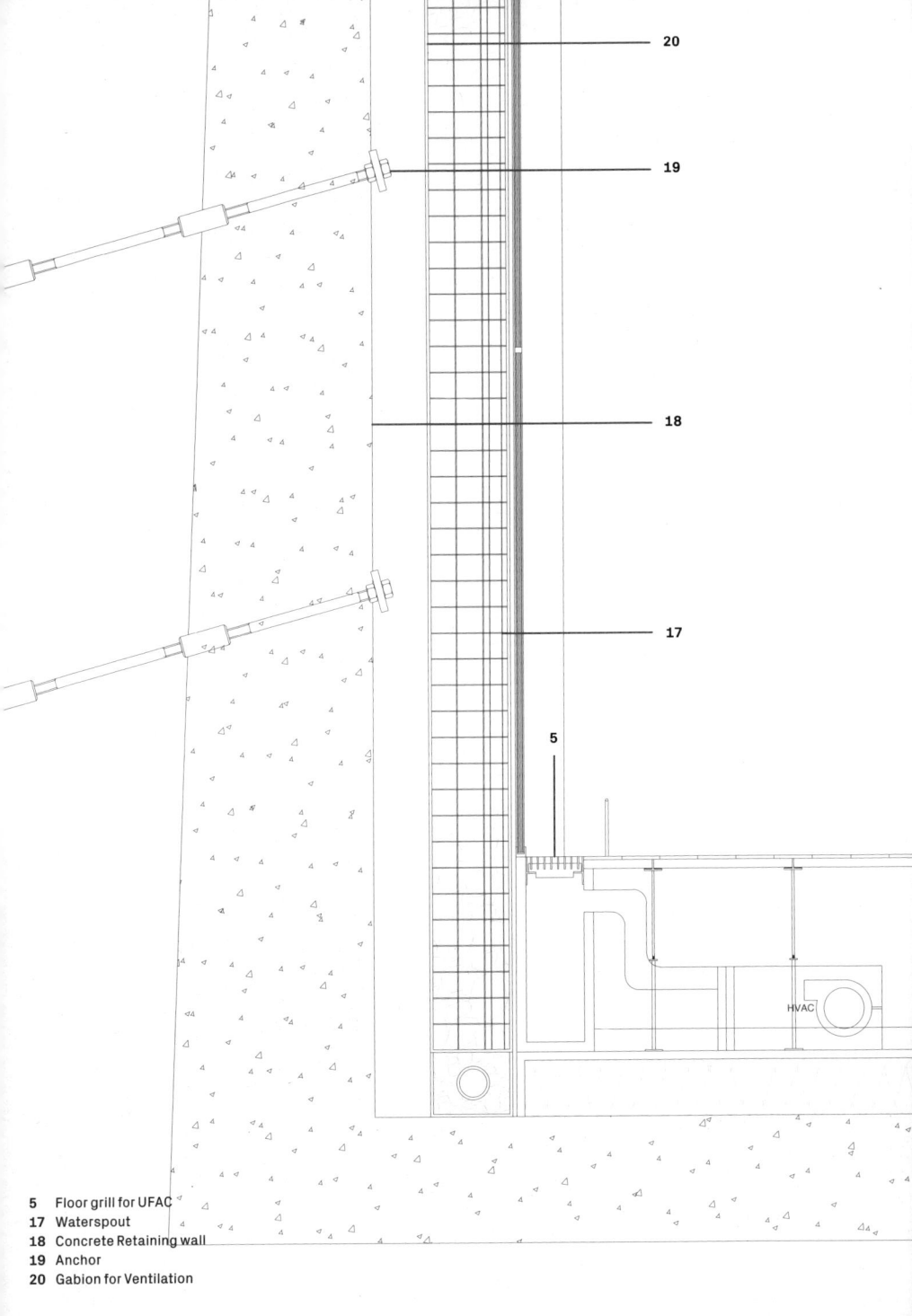

5 Floor grill for UFAC
17 Waterspout
18 Concrete Retaining wall
19 Anchor
20 Gabion for Ventilation

1 : 20 Detail Model
520 X 320 X 700mm

Red brick & Timber

사람과 동물을 이어주는 붉은 산책로
Promenades with nature-friendly cladding

이 프로젝트는 상부에 위치한 순환형 산책로와 하부의 유기 동물보호센터 및 시니어 직업교육시설로 구성되어 있다. 산책로는 각 시설과 외부 중정 공간을 유기적으로 연결하여 사람과 동물이 어우러질 수 있는 조화로운 환경을 제공한다.

산책로는 사람들에게 안정감을 주는 자연 친화적인 벽돌과 목재를 활용해 설계했으며, 완만한 경사와 벤치, 외부 정원 및 마당으로 이어지는 누구나 쉽게 접근할 수 있는 구조를 갖추고 있다. 바닥 및 하부 건물 외벽에는 빗물이 고이지 않고 투습성이 뛰어난 벽돌(Permeable Brick)을 사용했고, 산책로의 구조는 목재 CLT로 제작되어 목재의 따뜻함과 구조적 강성을 동시에 제공한다. 또한, 목재 구조와 산책로, 건축 공간은 브래킷(Bracket), 너트(Nut), 볼트(Bolt) 등 철물 결속 부재로 견고하게 결합했다. 동물보호소는 외부에서도 잘 보일 수 있도록 투명한 유리 커튼월로 테라스 천장과 벽을 설계하여 외부를 지나는 직업교육자들과 내부의 유기동물들이 자연스럽게 교감할 수 있는 환경을 제공한다. 또한, 순환형태(Ring road)의 옥상 산책로와 내부 공간의 시각적 연결을 통해 산책하는 사람과 동물, 내부 사용자 사이에 자연스러운 소통과 유대를 형성하는 공간을 제안한다.

순환 산책로는 하부 공간들을 유기적으로 연결하고 붉은 벽돌로 마감으로 동물과 사람들에게 자연친화적인 안정감을 준다.

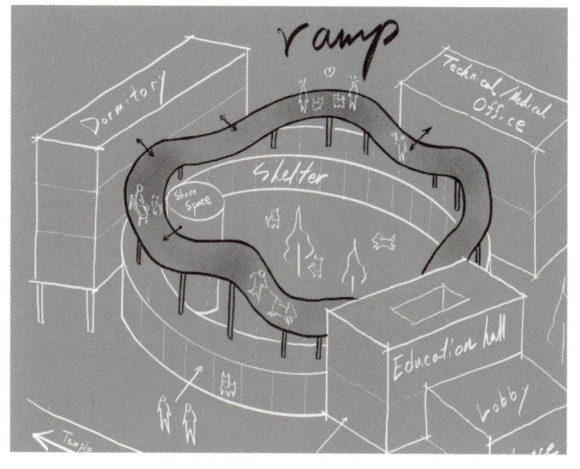

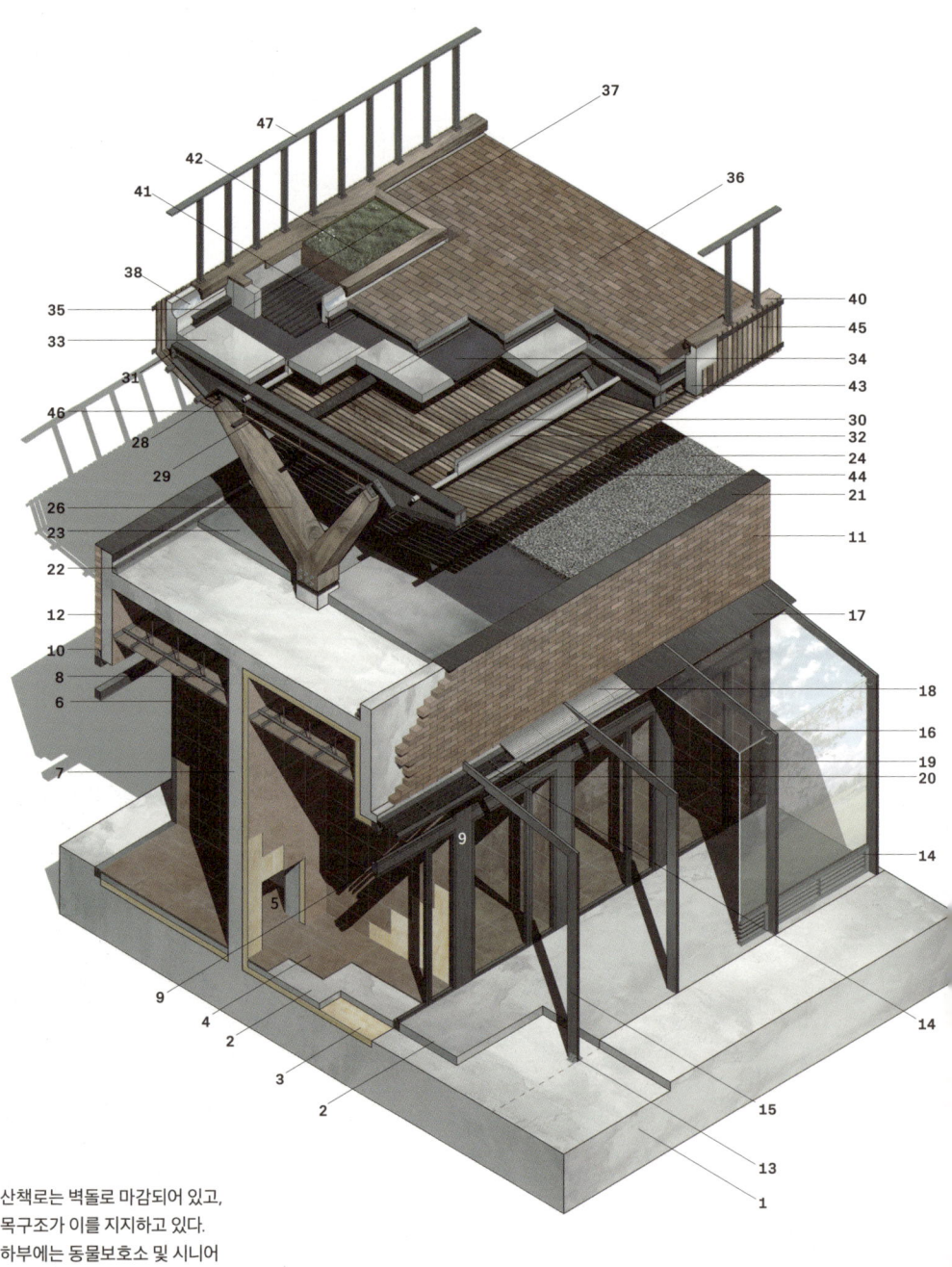

산책로는 벽돌로 마감되어 있고, 목구조가 이를 지지하고 있다. 하부에는 동물보호소 및 시니어 직업 교육시설 등이 위치해 있다.

070   **Materials & Spatial Qualities in Architecture**

1 Foundation-Reinforced Concrete
2 Exposed Concrete with waterproof finish
3 THK 30 Insulation
4 THK 10 Terracotta flooring tile (300x300)
5 Galvanized Steel Door Frame for Dog
6 THK 25 Gypsum Board for Ceiling finish
7 Reinforced Concrete Structure
8 Ceiling Frame Structure
9 Aluminum glass curtainwall frames
10 Two Steel Channel (45x95) supporting the brick external cladding
11 Brick cladding (57x90x195)
12 Steel Angle (50x60)
13 Stainless Steel Angle
14 Air Vent
15 Black Coated Steel Louver
16 Spider for Fixing Glass
17 Ridge Cover (Black Coated Steel)
18 Mesh (Stainless Steel)
19 Black Coated Steel Frame
20 Black Coated Steel Angle
21 Black Coated Brick Flashing
22 Drainage
23 Prefabricated Concrete floor panel
24 Gravel
25 Black Coated Steel Channel (230x240)
26 Y Shaped LVL Wooden Column
27 Black Coated Steel Angle (110x150)
28 Pin Joint
29 Steel Girder (H 200X150)
30 Cylinder Beam (R = 70mm)
31 L-shaped Angle (70x135)
32 Drainage Tube
33 Prefabricated Structural steel floor panel
34 Water Proof Membrane
35 I-Beam (75x75, 75x100, 75x125, 75x150)
36 Permeable Prefabricated Red brick finish
37 Concrete Flower Bed
38 Mirror for Lighting Reflection
39 Light
40 LVL Light Cover
41 Drain Plate
42 Soil
43 Bridge Cover Steel Box (Electric)
44 Black Coated Steel Spandral
45 LVL Facade Cover Wood
46 Steel Hanging Rod
47 Anodized steel balustrades

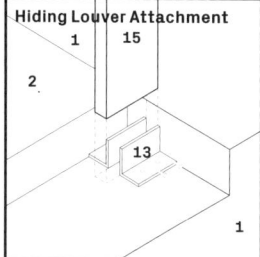
Hiding Louver Attachment

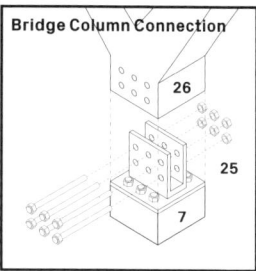
Bridge Column Connection

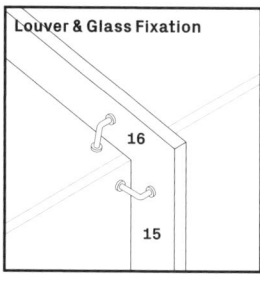
Louver & Glass Fixation

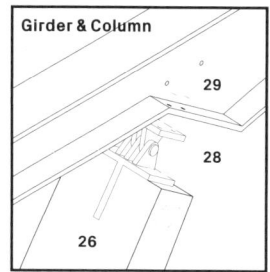
Girder & Column

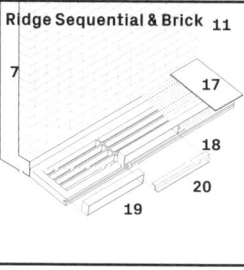
Ridge Sequential & Brick

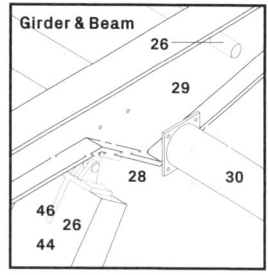
Girder & Beam

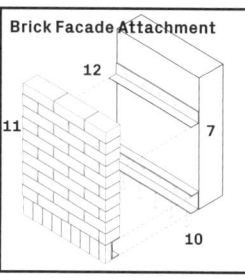
Brick Facade Attachment

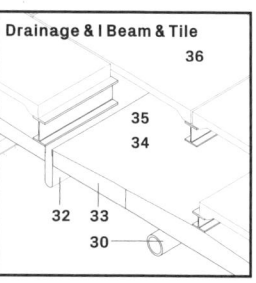
Drainage & I Beam & Tile

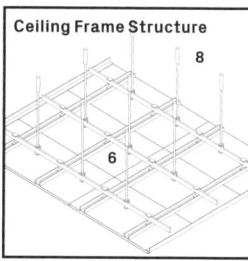
Ceiling Frame Structure

Wood Facade Attachment

Stone & Brick

#	Label	#	Label	#	Label
1	Foundation-Reinforced Concrete	8	Ceiling Frame Structure	17	Ridge Cover (Black Coated Steel)
2	Exposed Concrete with waterproof finish	9	Aluminum glass curtainwall frames	18	Mesh (Stainless Steel)
3	THK 30 Insulation	10	Two Steel Channel (45x95) supporting the brick external cladding	19	Black Coated Steel Frame
4	THK 10 Terracotta flooring tile (300x300)	11	Brick cladding (57x90x195)	20	Black Coated Steel Angle
5	Galvanized Steel Door Frame for Dog	12	Steel Angle (50x60)	21	Black Coated Brick Flashing
6	THK 25 Gypsum Board for Ceiling finish	14	Air Vent	22	Drainage
7	Reinforced Concrete Structure	15	Black Coated Steel Louver	23	Prefabricated Concrete floor panel
		16	Spider for Fixing Glass	24	Gravel
				25	Black Coated Steel Channel

26 Y Shaped LVL Wooden Column
27 Black Coated Steel Angle
28 Pin Joint
29 Steel Girder (H 200X150)
30 Cylinder Beam (R = 70mm)
31 L-shaped Angle (70x135)
32 Drainage Tube
33 Prefabricated Structural steel floor panel
34 Water Proof Membrane
35 I-Beam (75x75, 75x100, 75x125, 75x150)
36 Permeable Prefabricated Red brick finish
37 Concrete Flower Bed
38 Mirror for Lighting Reflection
39 Light
40 LVL Light Cover
41 Drain Plate
42 Soil
43 Bridge Cover Steel Box (Electric)
44 Black Coated Steel Spandral
45 LVL Facade Cover Wood
46 Steel Hanging Rod
47 Anodized steel balustrades

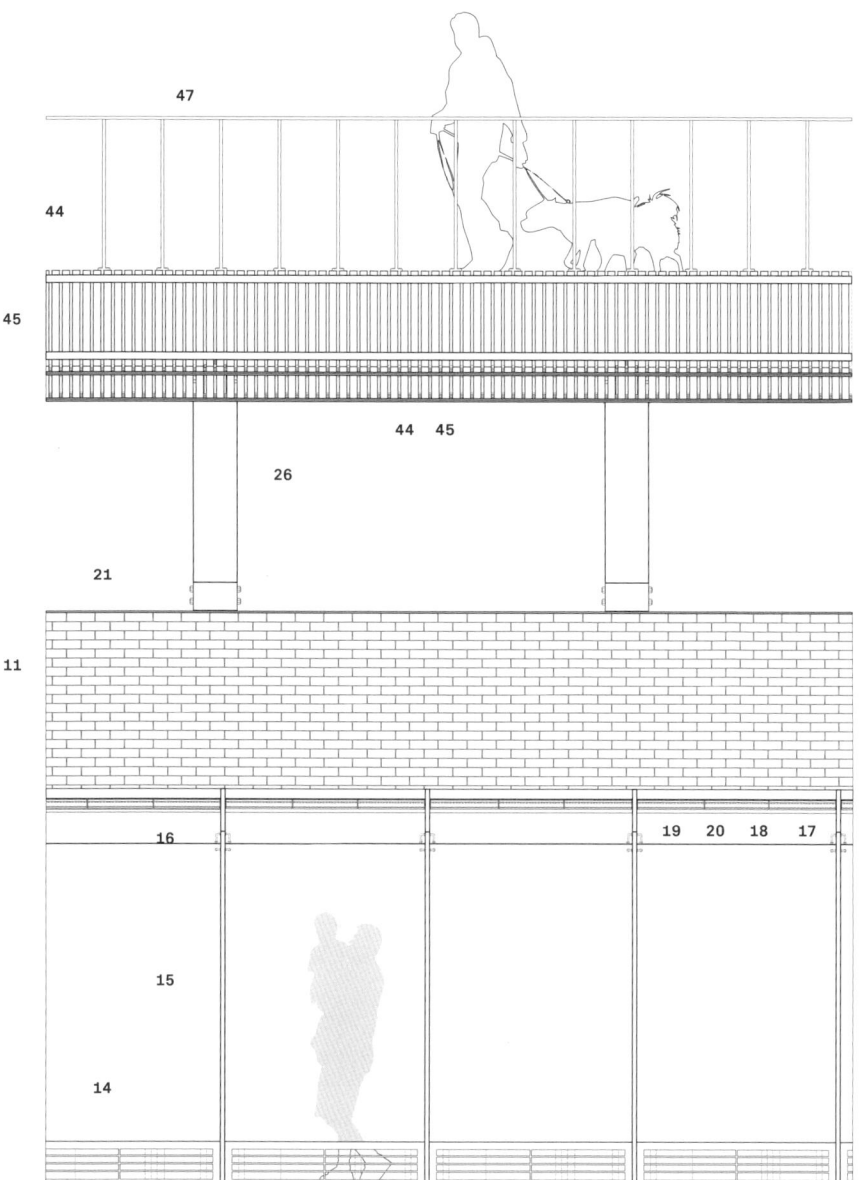

Stone & Brick

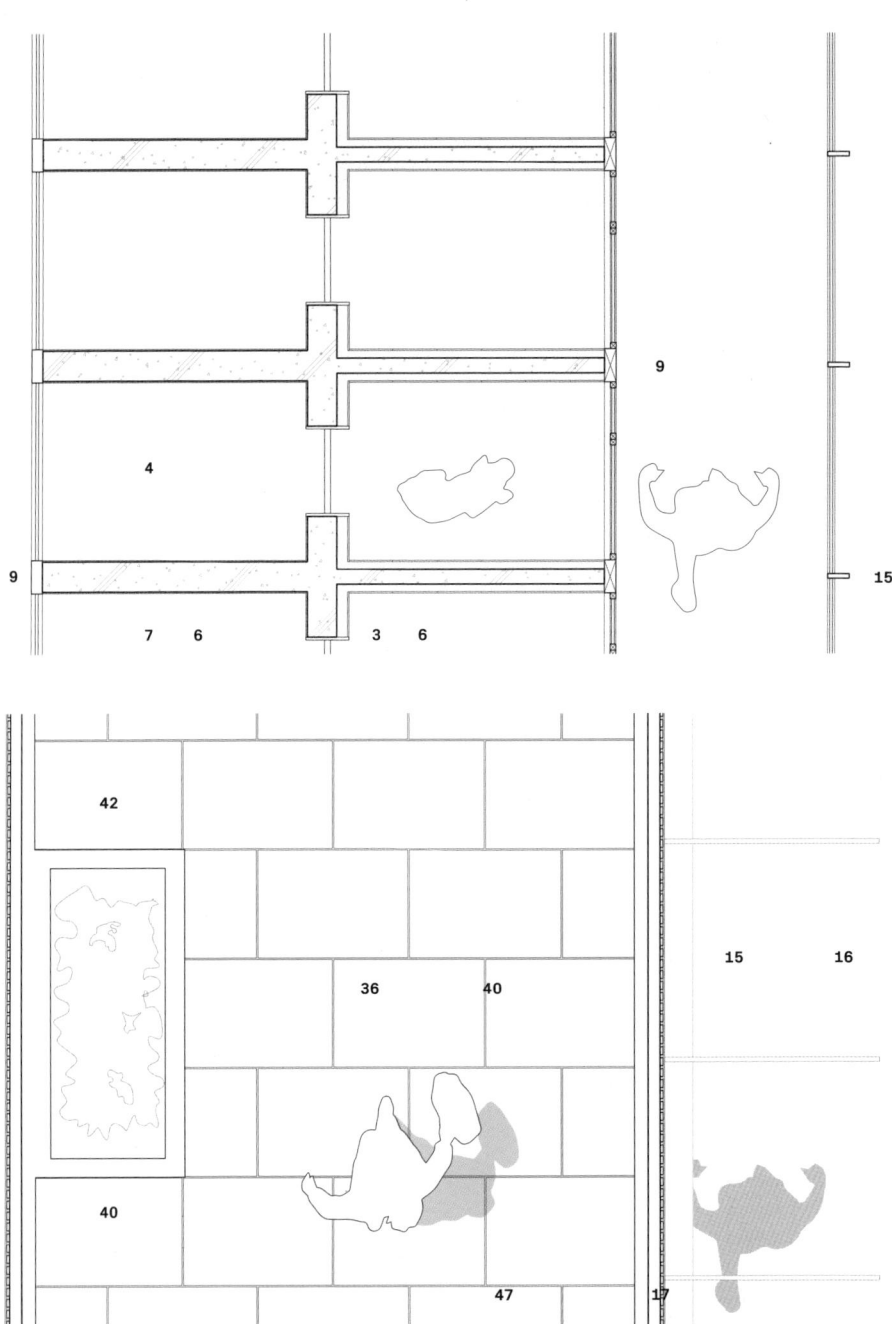

3   THK 30 Insulation
4   THK 10 Terracotta flooring tile
6   THK 25 Gypsum Board for Ceiling finish
7   Reinforced Concrete Structure
9   Aluminum glass curtainwall frames
15 Black Coated Steel Louver
16 Spider for Fixing Glass
17 Ridge Cover (Black Coated Steel)
36 Permeable Prefabricated Concrete Floor Slab
40 LVL Light Cover
42 Soil
47 Anodized steel balustrades

Stone & Brick

Engineered stone panel & Space frame system

관계의 밀도를 높이는 원형 공간
Dome space for dense relationship

연희동 지역사회의 관계성을 강화하기 위한 커뮤니티 센터는 공방과 전시 공간으로 구성되어, 배우고 가르치며 작업한 결과물을 공유하며 소통을 통해 관계를 형성하는 환경을 제공한다. 이웃들이 모여 웃고 대화하는 따뜻한 공간을 목표로, 빛 반사가 적고 자연스러운 색감과 질감으로 차분한 안정감을 주는 석재 마감과 원형 공간 구조를 채택해 유대감을 강화할 수 있는 공간을 제안한다. 각 실은 돔(Dome) 구조로 설계되어 있어 기존의 정형화된 벽과 천장 구성에서 벗어나 방사형 공간을 형성한다. 이 구조는 사용자들이 자연스럽게 공간의 형태를 따라 움직이며 서로 소통하고 공간을 공유하도록 유도하며, 관계의 밀도를 높인다. 또한, 곡선으로 이루어진 로비와 복도는 기존의 수직 및 수평 공간과는 달리 빛의 변화를 통해 일상과 차별화된 풍경을 제공한다.

마감재로는 자연 친화적인 돌의 질감을 가지면서도 가벼운 합성 석재(Engineered Stone)를 활용해 공간의 생소함을 완화해 무게감을 주는 감성적 안정감을 제공한다. 내·외부에 밝은 회색 톤의 석재를 사용해 건축물을 하나의 통합된 덩어리처럼 보이도록 연출하며, 이를 통해 사람들의 활동이 돋보이는 배경으로서의 공간을 계획했다.

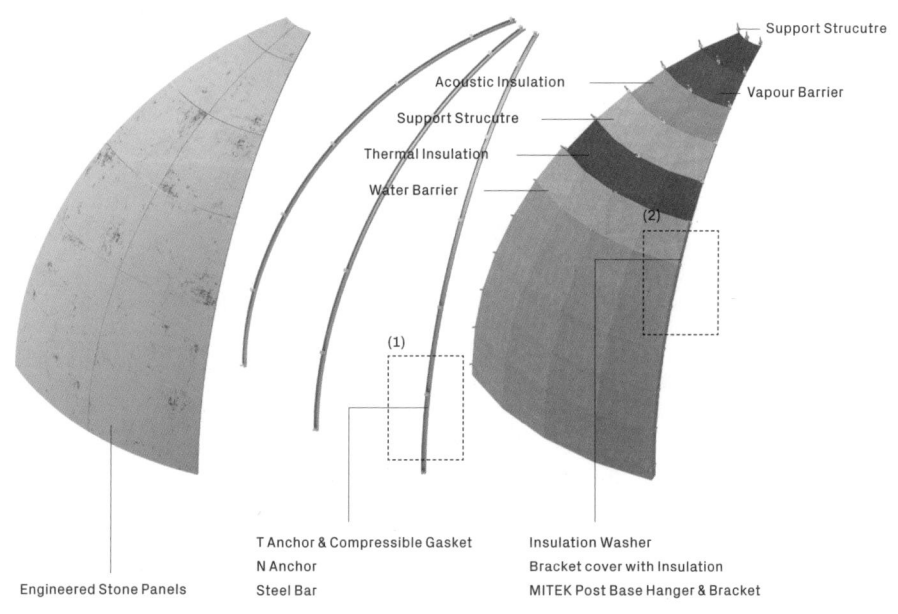

Engineered Stone Panels

T Anchor & Compressible Gasket
N Anchor
Steel Bar

Support Strucutre
Acoustic Insulation
Support Strucutre
Thermal Insulation
Water Barrier
Vapour Barrier

Insulation Washer
Bracket cover with Insulation
MITEK Post Base Hanger & Bracket

(1) Exterior Cladding

(2) Exterior & Space Frame Connect

(3) Drainage

(4) Interior Metal Cladding

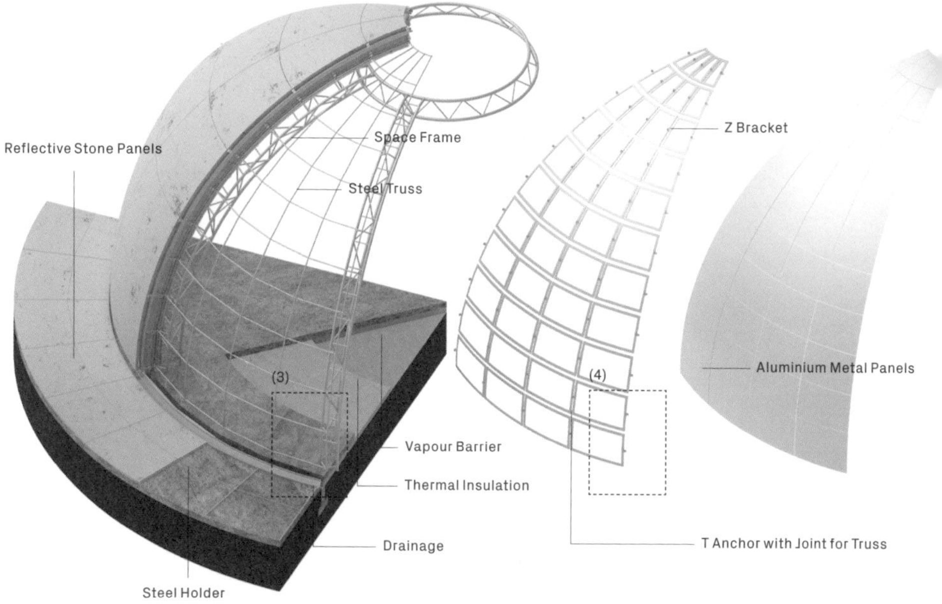

- Reflective Stone Panels
- Space Frame
- Steel Truss
- Z Bracket
- Aluminium Metal Panels
- Vapour Barrier
- Thermal Insulation
- Drainage
- T Anchor with Joint for Truss
- Steel Holder

Stone & Brick

(1) Gutter System

(2) Interior Metal Cladding System

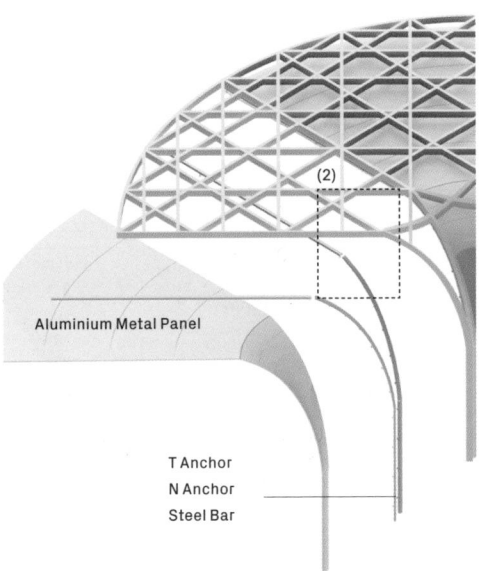

Aluminium Metal Panel

T Anchor
N Anchor
Steel Bar

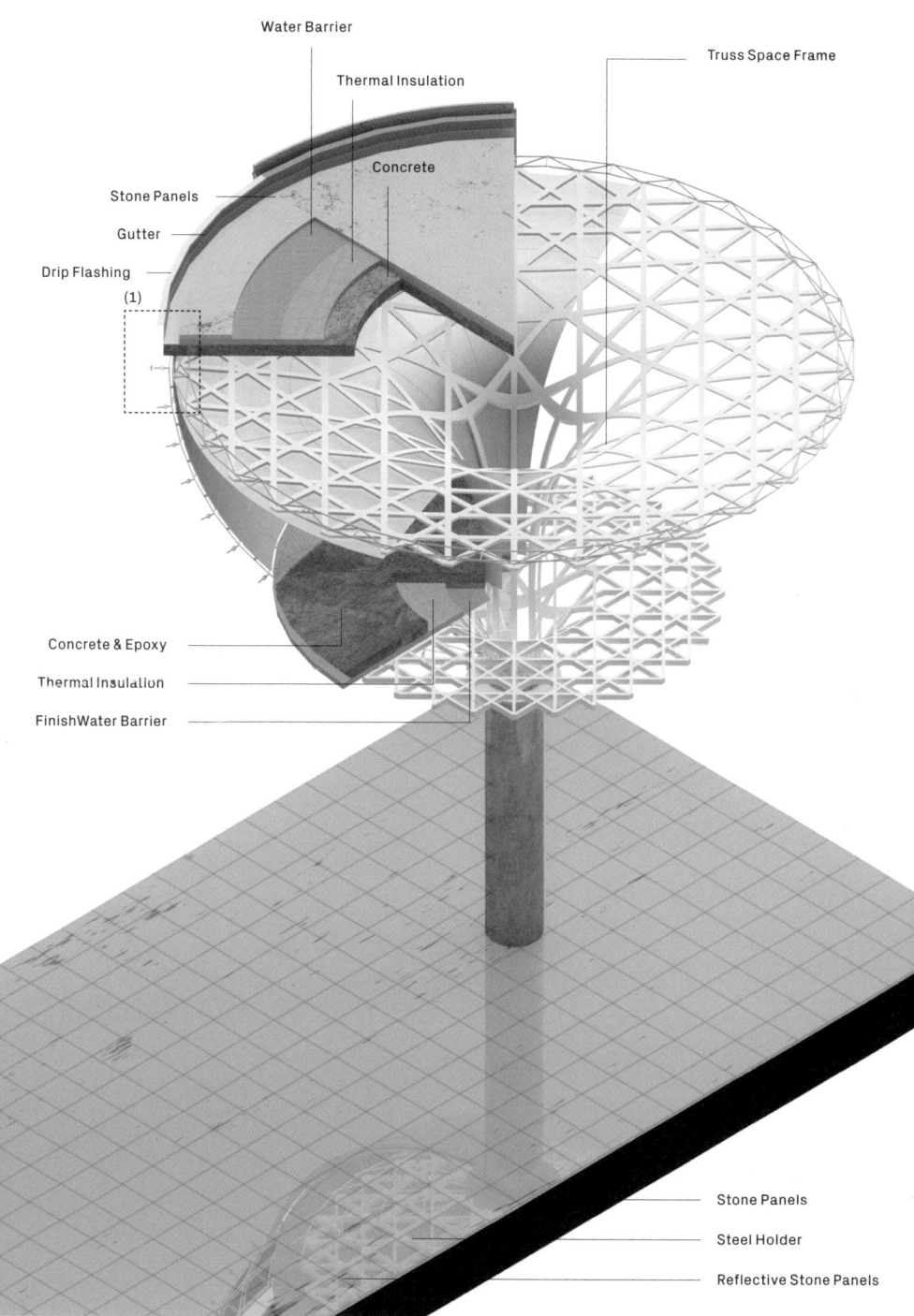

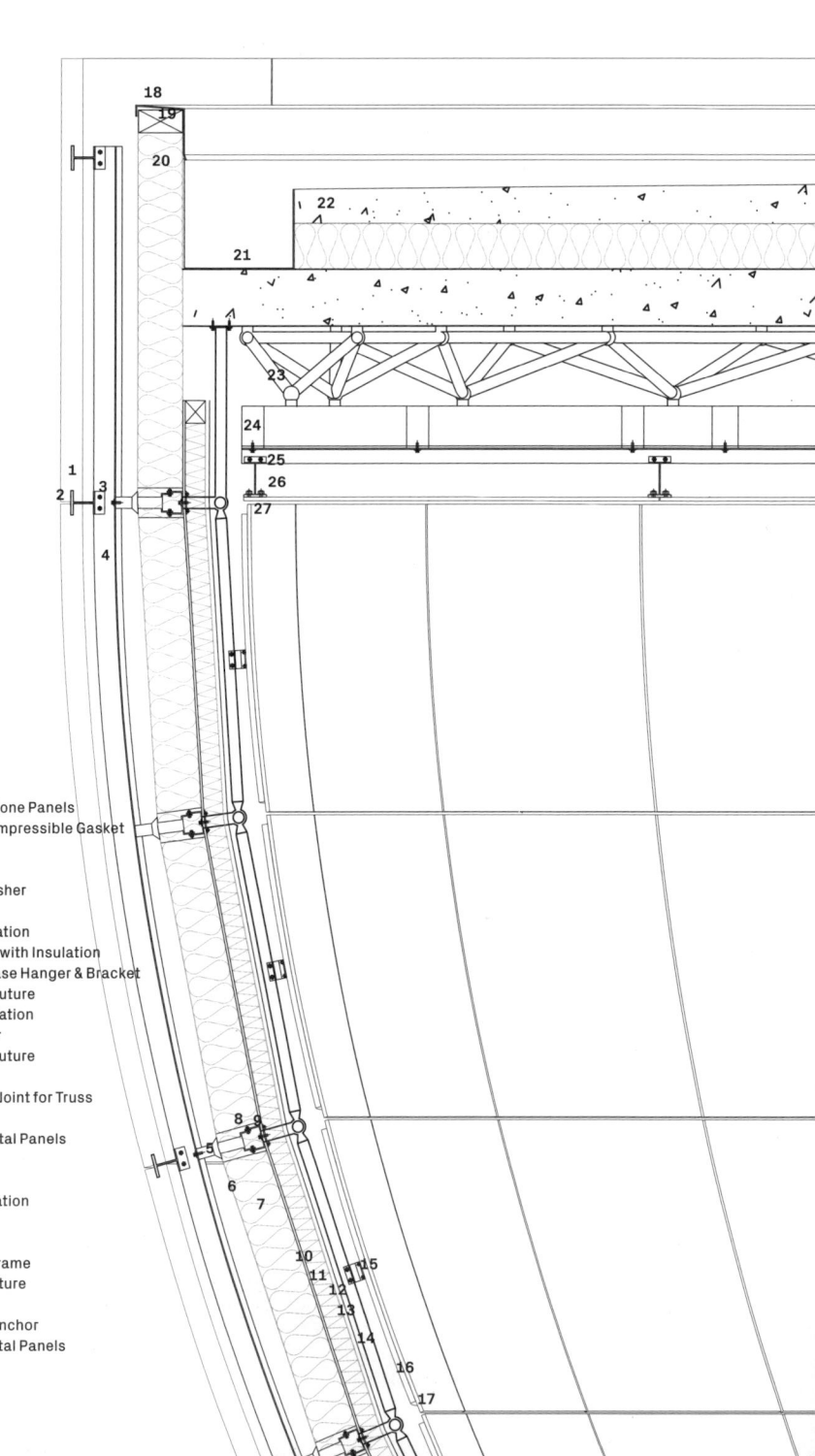

1 Engineered Stone Panels
2 T Anchor & Compressible Gasket
3 N Anchor
4 Steel Bar
5 Insulation Washer
6 Water Barrier
7 Thermal Insulation
8 Bracket cover with Insulation
9 MITEK Post Base Hanger & Bracket
10 Support Strucuture
11 Acoustic Insulation
12 Vapour Barrier
13 Support Strucuture
14 Space Frame
15 T Anchor with Joint for Truss
16 Z Bracket
17 Aluminium Metal Panels
18 Drip Flashing
19 Water Barrier
20 Thermal Insulation
21 Gutter
22 Stone Panels
23 Truss Space Frame
24 Timber Strucuture
25 Steel Bar
26 T Anchor & N Anchor
27 Aluminium Metal Panels

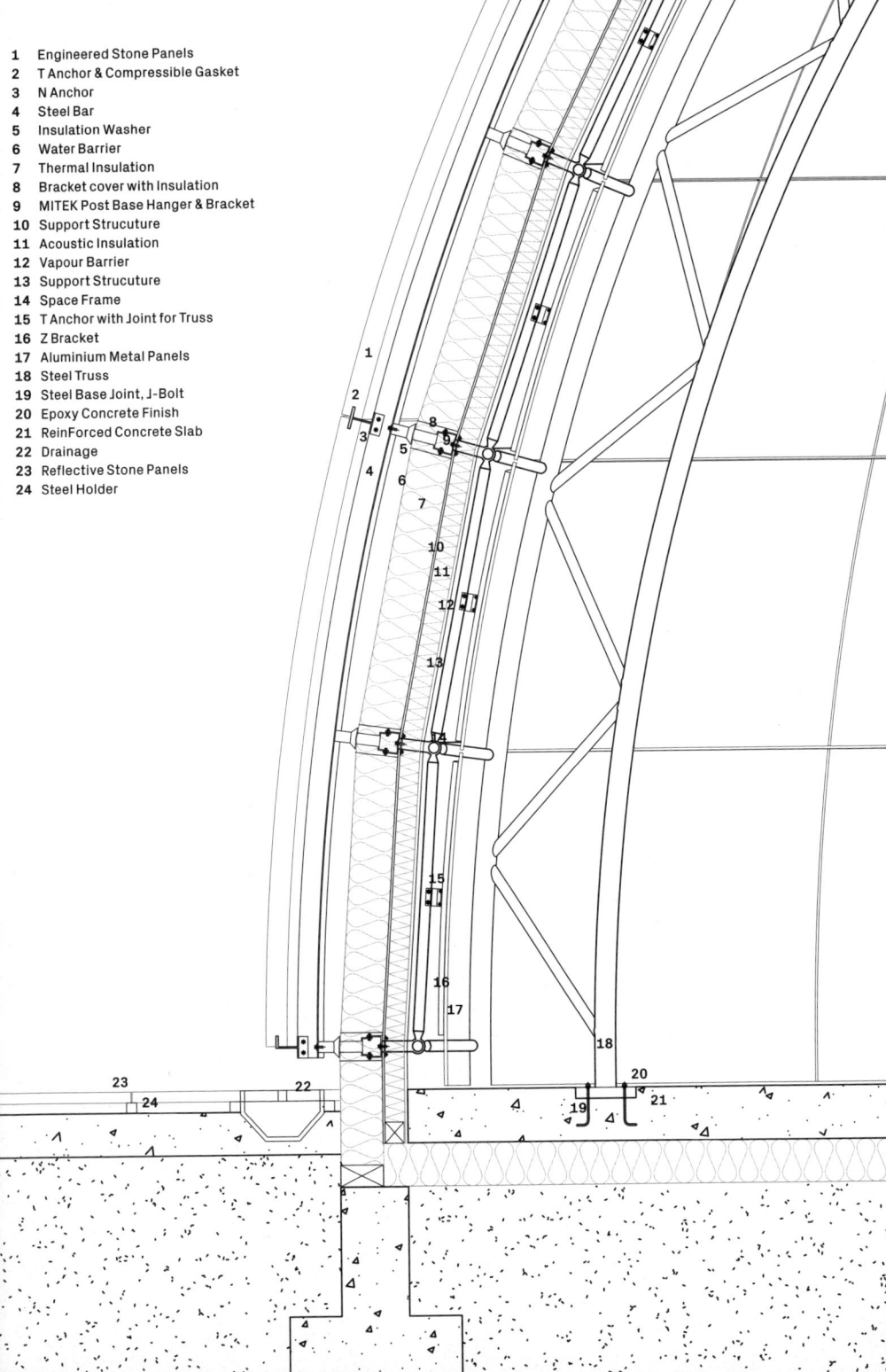

1. Engineered Stone Panels
2. T Anchor & Compressible Gasket
3. N Anchor
4. Steel Bar
5. Insulation Washer
6. Water Barrier
7. Thermal Insulation
8. Bracket cover with Insulation
9. MITEK Post Base Hanger & Bracket
10. Support Strucuture
11. Acoustic Insulation
12. Vapour Barrier
13. Support Strucuture
14. Space Frame
15. T Anchor with Joint for Truss
16. Z Bracket
17. Aluminium Metal Panels
18. Steel Truss
19. Steel Base Joint, J-Bolt
20. Epoxy Concrete Finish
21. ReinForced Concrete Slab
22. Drainage
23. Reflective Stone Panels
24. Steel Holder

1 Epoxy Concrete Finish
2 Concrete
3 Thermal Insulation
4 Water Barrier
5 Timber Structure
6 Concrete Pillar & Epoxy Finish

| **Gabion cladding**

돌을 쌓아 만드는 도시풍경
Gabion façades responding to urban context

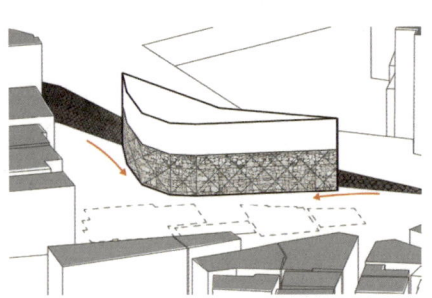

마을 초입 갈림길에 자리한 전시 공간은 주민들을 위한 공간으로 홍제동의 지역적 맥락을 반영했다. 인왕산 자락에 위치한 홍제동은 조선시대 채석장으로 유명했던 지역으로, 풍부한 돌 자원을 디자인에 활용했다.

이 공간은 전시 기능을 중심으로 하지만, 마을의 크고 작은 행사를 수용할 수 있는 커뮤니티 공간으로도 활용할 수 있다. 건축은 두 갈래로 나뉘는 길 사이의 삼각형 대지에 자리 잡았으며, 좁은 도로를 따라 사람과 차량이 통행하는 특성을 고려하여 시각적 혼란을 최소화하는 설계를 적용했다. 입면 구성에는 개비온을 사용했으며, 이는 돌과 육면체 철망으로 이루어진 구조다. 채석장의 역사적 맥락을 반영하여 화강암 계열의 돌을 사용했고, 철망은 부식을 방지하기 위해 아연 도금(Galvanized) 처리를 적용하여 구조적 안정성을 확보했다. 돌로 이루어진 입면은 지역 특성과 자연환경을 반영하여 건축이 주변 환경에서 분리되지 않고 어우러지는 연결성을 강화한다. 이를 통해 건축은 골목이라는 도시 맥락 속에 자연스럽게 스며들며, 지역성을 강조하는 조화로운 풍경을 형성한다.

개비온 전개도

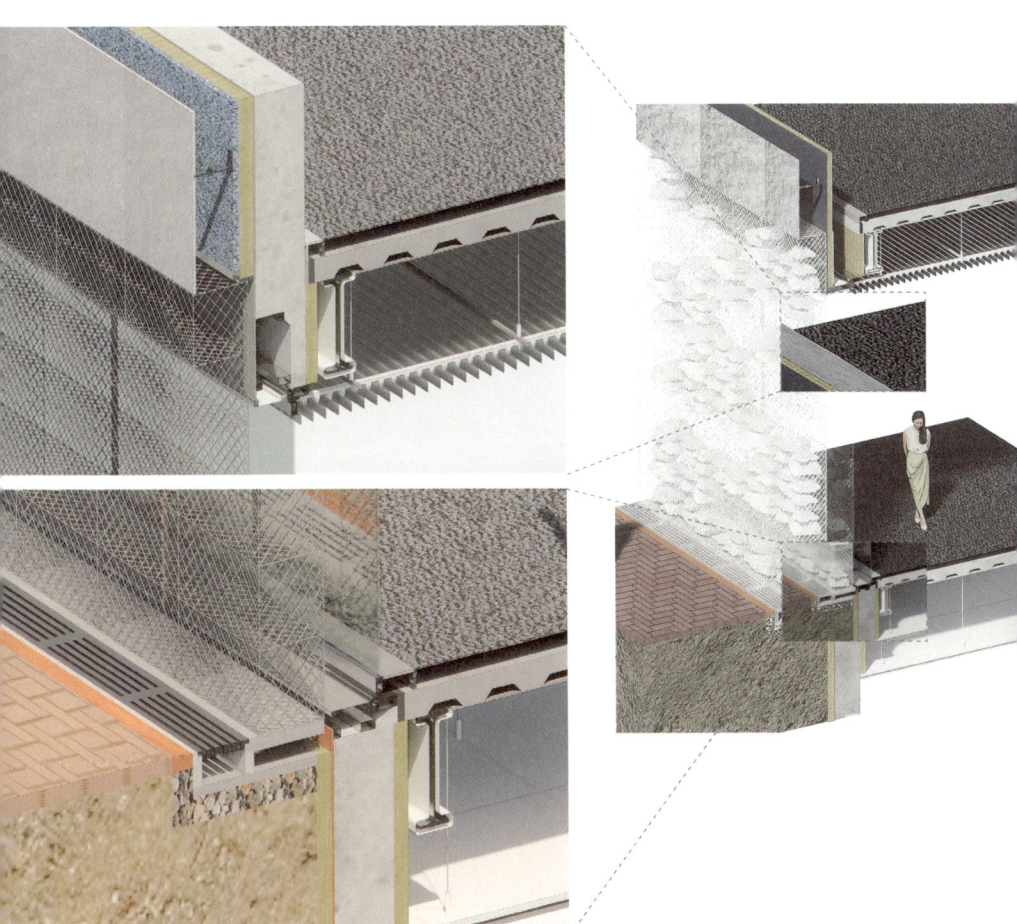

개비온의 수직 입면은 지표면까지 이어지고 빌딩과 대지의 경계는 배수로와 메탈 트렌치로 마감해 두 재료의 경계를 기능적이면서도 단절되지 않도록 의도했다.

1 Concrete
2 Thk135 Insulation
3 Concrete Slab / Steel Decking
4 Fire Insulated I-Beam
5 THK 25 Precast White Concrete Panel
6 Cement Slurry Finish on Waterproof Membrane
7 Aluminium Louver Ceiling
8 Low Iron Double Glazing
9 Steel Gabion
10 Trench
11 Steel Tubes
12 Concrete Column

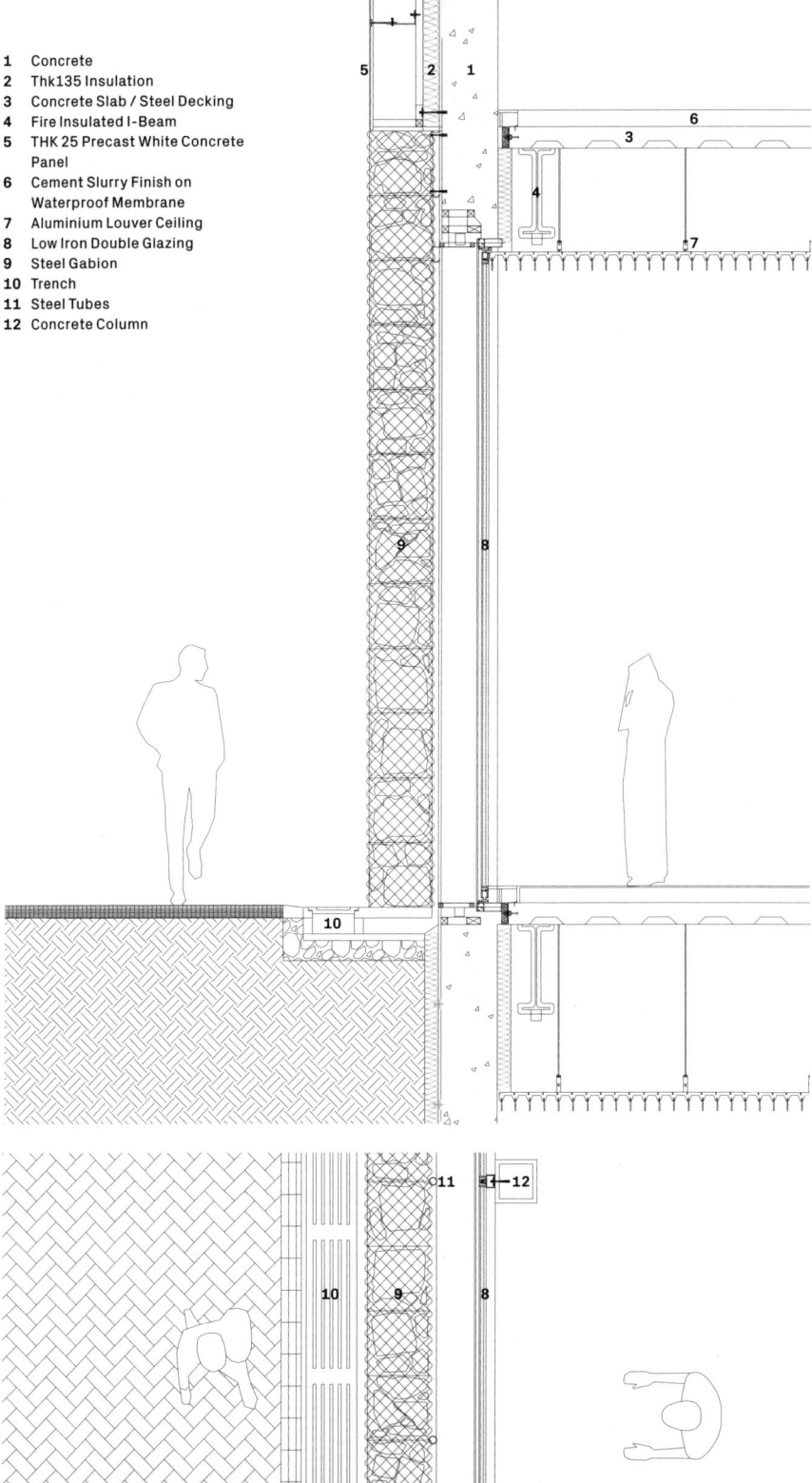

돌을 쌓아 만든 입면은 인왕산의 화강암 능선과 동화되는 풍경을 보여준다.

개비온의 틈새로 외부 풍경이 보인다.
개비온은 내부와 외부를 완전히 단절되지 않는 공간으로 만든다.

1	Concrete
2	THK 135 Insulation
3	Weatherproof Membrane
4	Stainless Steel Angle Bracket
5	Support Angle
6	Steel Bars
7	THK 25 Precast White Concrete Panel
8	Anchor Bolt
9	Gabion
10	Steel Tube
11	THK 90 Insulation
12	Fire Insulated I-Beam
13	Bolt
14	Screen Carrier
15	Screen Panel
16	Double Glazing
17	Aluminium Window Frame
18	Concrete Slab
19	Sound Absorbing Meterial /Damp-proof Membrane
20	THK 75 Prepare Concrete / Cement Slurry Finish
21	Window Convector
22	Trench
23	Drain Grates
24	Slope
25	Sidewalk Block
26	Concrete Beds
27	Soil

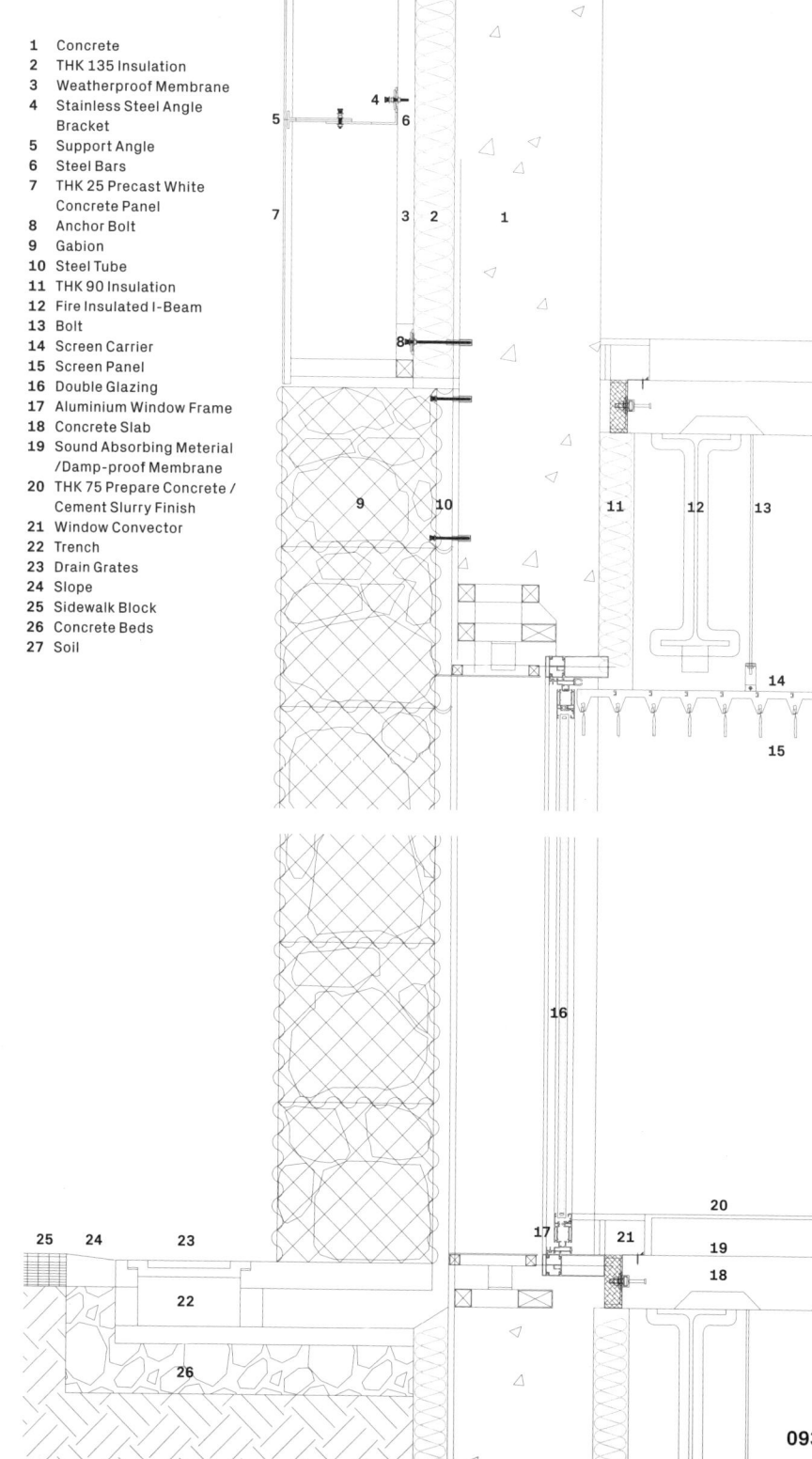

ME

TAL

| **Stainless steel & Aluminum grid**

빛의 산란을 활용한 경계없는 공간
Borderless space by light reflection

안개가 낀 도시는 경계가 모호해지며 풍경이 흐릿해지는 특징을 갖는다. 이 전시 공간은 육면체의 사면과 위·아래로 구분된 전통적 장소가 아니라, 마치 안개 속에서 빛을 찾는 여정을 떠올리는 모호함을 제안했다. 이러한 설계는 공간의 경계를 의도적으로 희미하게 만들어 관람객이 전시 작품에 더욱 몰입하도록 유도한다. 관람객은 공간의 흐릿한 경계 속에서, 빛을 내는 전시물을 찾아가는 여정을 경험하게 된다.
전시물인 다양한 크기의 LED평판 스크린에 집중하기 위해 조도는 어둡게 유지한다. 스크린을 잡는 프레임들은 천장에 설치된 격자 그리드의 레일 구조에 매달려 미닫이문처럼 슬라이딩으로 움직이고 수평, 수직으로 각도와 길이를 조절하도록 고안되었다. 이를 통해 전시물 자체가 공간을 구획하는 요소(벽, 천장, 바닥)로 사용하며, 필요에 따라 움직이는 가변적 공간을 제안했다.
이 프레임들은 동선에 따라 미로처럼 배치되지만, 프레임 사이사이가 시각적으로 열려있어 중첩된 이미지를 보여주게 된다. 재료는 석출 경화형 스테인리스 스틸(PH Stainless Steel)로 제작되어 고강도와 내식성을 가지며 표면에 미세한 선 가공을 통해 빛을 반사하고 산란시켜 안개 속에서 느껴지는 모호한 공간을 연출했다.

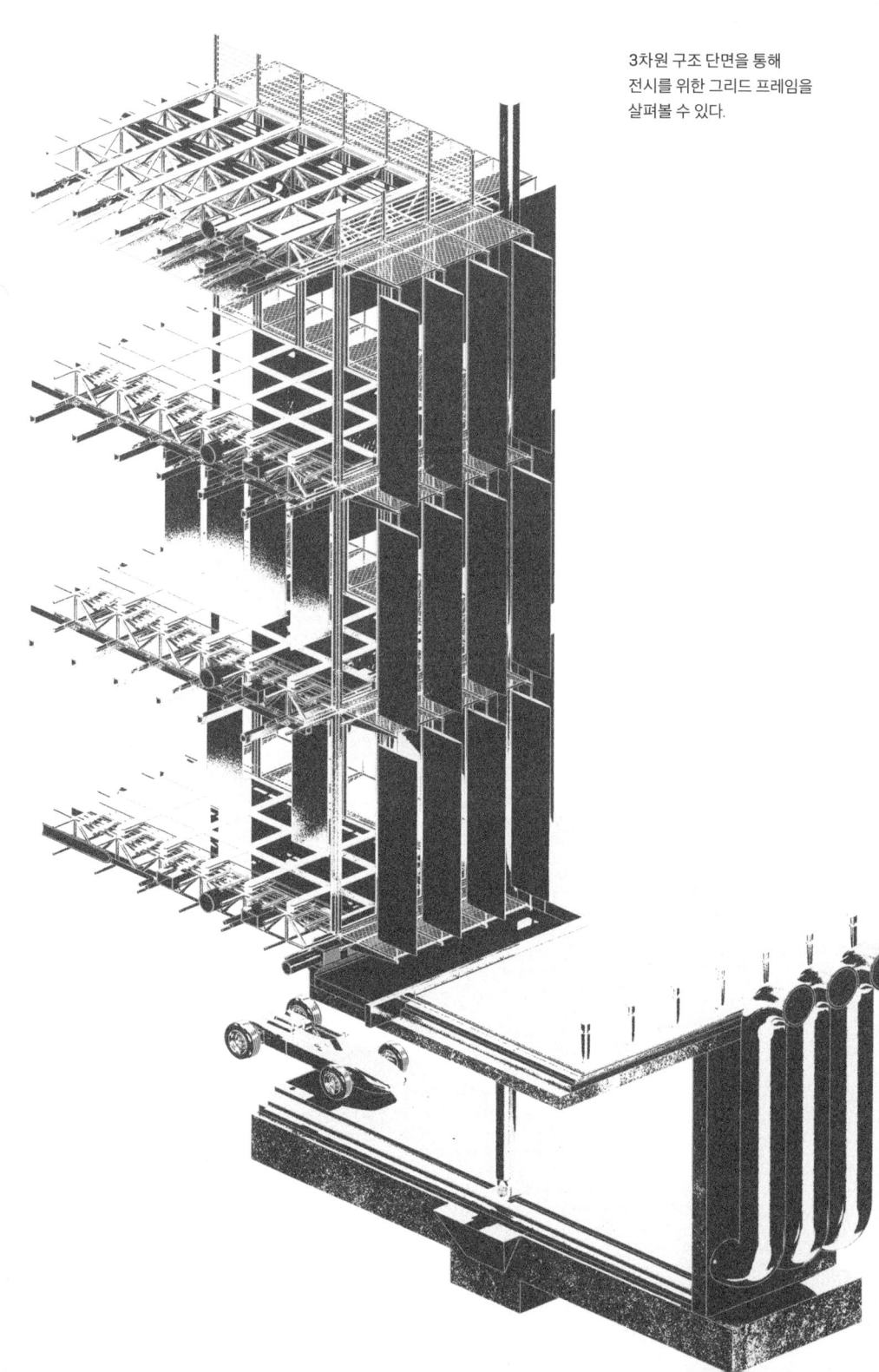

3차원 구조 단면을 통해 전시를 위한 그리드 프레임을 살펴볼 수 있다.

스테인리스 스틸로 구성된 수직, 수평의 3D 그리드 공간 모형

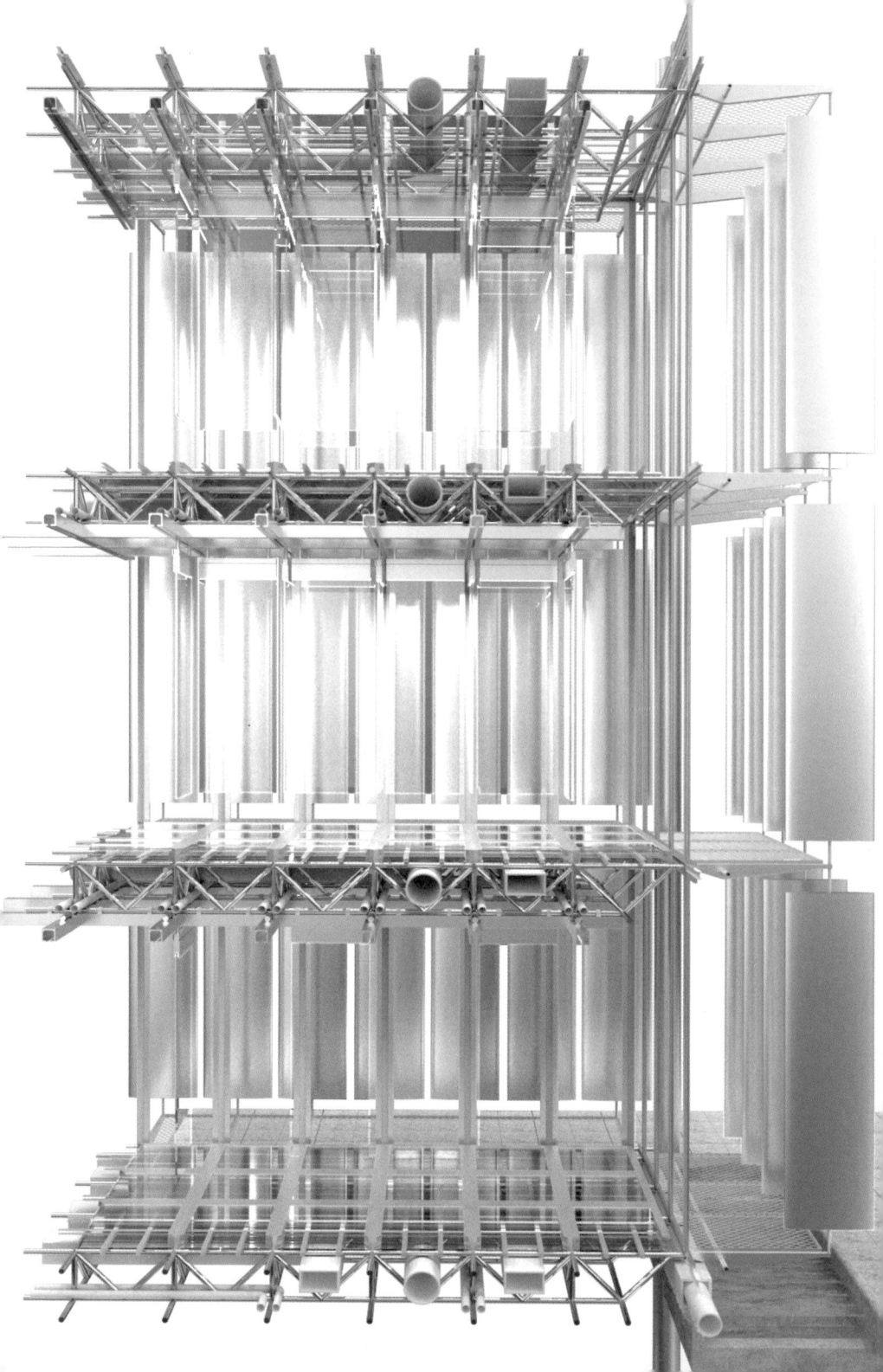

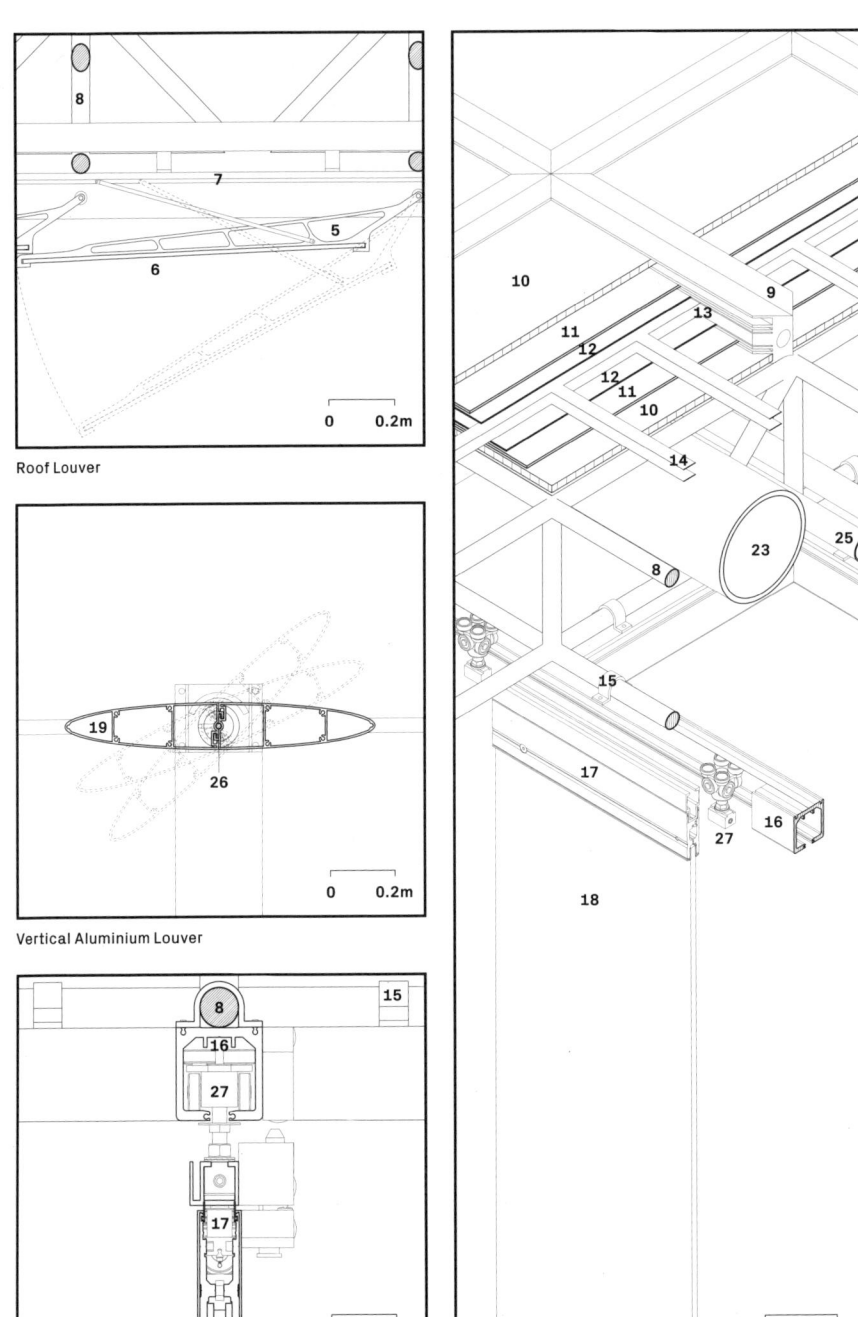

Roof Louver

Vertical Aluminium Louver

LCD Panel Holding & Hanging detail
(Horizontal movable)

Installed detail for LCD Panel Holding & Hanging device on the ceiling structure

102   **Materials & Spatial Qualities in Architecture**

1 Ø400 Steel Column	11 Interlayer Film	21 Thk48 Steel Window Frame
2 1500x1200x48 Steel Grating	12 Liquid Crystal Film	22 96x48 H Mullion
3 Ø60 Steel Girder	13 Thk50 Liquid Crystal Layer	23 Ø400 Air Duct
4 Structural Attatchment	14 Conductive Coating Line	24 470x280 Air Duct
5 Thk35 Roof Louver Frame	15 Thk10 Steel Bracket	25 Ø100 Electricity Line
6 Thk15 Tinted Glass	16 150x150 Two-ways Steel Hanger	26 Ø30 Steel Pivot
7 Steel Hanger	17 1100x200x80 Aluminium Profile	27 Double-layered Roller
8 Ø70 Steel Pipe Truss	18 3000x2000x25 LCD Pannel	28 360x360 Steel Case
9 1200x1200x200 Aluminium Frame	19 Aluminium Louver	29 Drained Water Pond
10 Thk30 Tempered Glass	20 Thk6 Insulated Glass	30 Concrete Curb

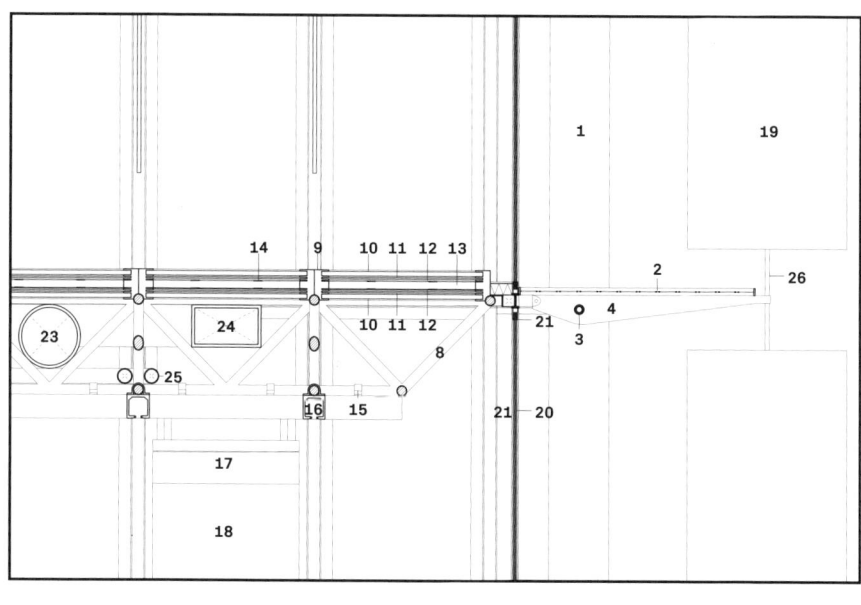

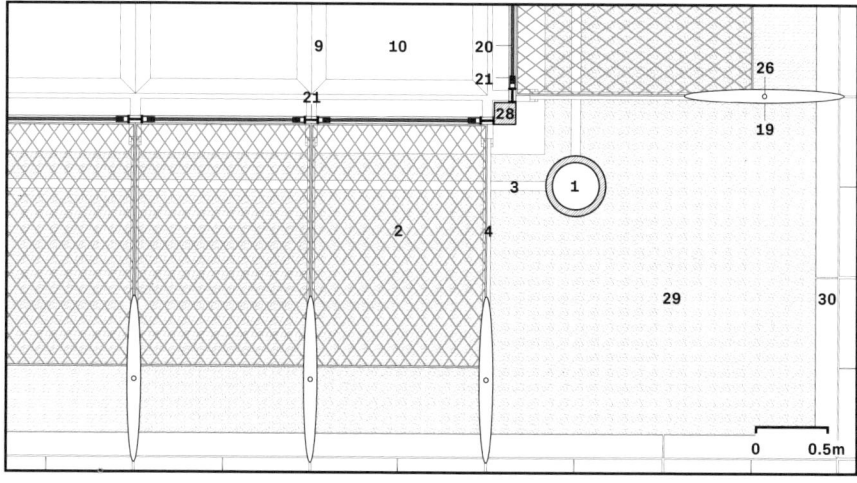

Metal

| Aluminum perforated panel

빛으로 만드는 홍대 거리 중심성
Centrality realm lit by perforated panel façades

MZ세대들의 핫플레이스이자 지역 랜드마크로 자리 잡은 '홍대거리'는 길이 약 1.5km, 폭 1~20m의 긴 세장형 구조로, '길'이자 '공간'으로 존재한다. 이곳은 오랜 시간 동안 다양한 보행자와 차량이 뒤섞였고, 노상 공영 주차장까지 더해져 무질서함이 특징인 장소였다.

홍대거리는 그 독특한 긴 거리 형태로 사람들의 움직임을 만들어내는 역동성을 지녔지만, 중심성이 약해 머물기보다 흐르기만 하는 도시구조로 한계를 가지고 있다. 최근 노상 주차장이 사라지며, 비로소 사람들에게 여유로운 '공간'으로 다가왔지만, 여전히 머무를 수 있는 '장소성'을 지니지 못했다.

본 프로젝트는 이 무질서한 도시에 새로운 위계와 중심성을 부여하고자 한다. 홍대거리의 중심부에 해당하는 본 사이트는 사람들이 가장 많이 모이는 위치이자 긴 길의 중앙(Centre)에 자리하며, 이를 통해 도시의 새로운 랜드마크를 구현하려 한다. 건물을 증축하여 내부에 새로운 공적 프로그램(Public Programs)을 추가하고, 대지 전면의 외부 공간은 사람들을 끌어들이는 광장(Square) 역할을 부여했다.

특히, 증축된 건물의 하부는 파사드(Façade)로 정의되며, 산화피막 알루미늄 천공 패널(Anodized Aluminum Perforated Panel)과 LED 조명을 활용해 밝고 빛나는 캐노피(Canopy)를 만들어 강렬한 시각적 상징성과 도시적 중심성을 강조했다. 산화피막 알루미늄은 산화층을 형성해 부식에 강하며, 가벼운 소재로 하중 부담이 적고 설치가 용이하여 실용성과 미적 요소를 동시에 충족한다.

이 프로젝트는 유럽 소도시의 '광장(Square Plaza)'처럼 거리공연, 약속 장소 또는 벤치에 앉아 도시를 관찰하며 휴식을 취할 수 있는 풍경이 되고, 머물고 싶은 공간으로 거듭나도록 의도했다.

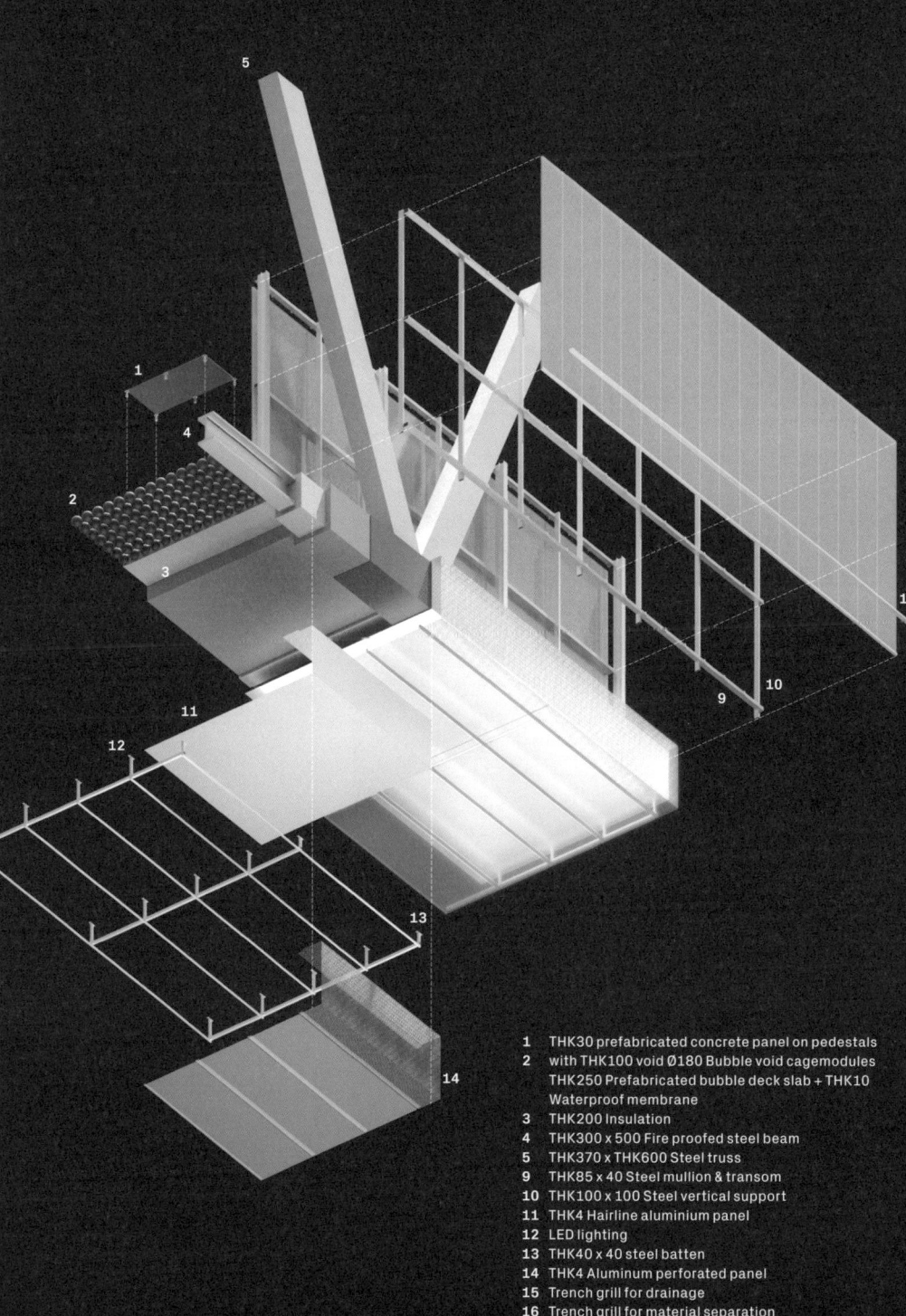

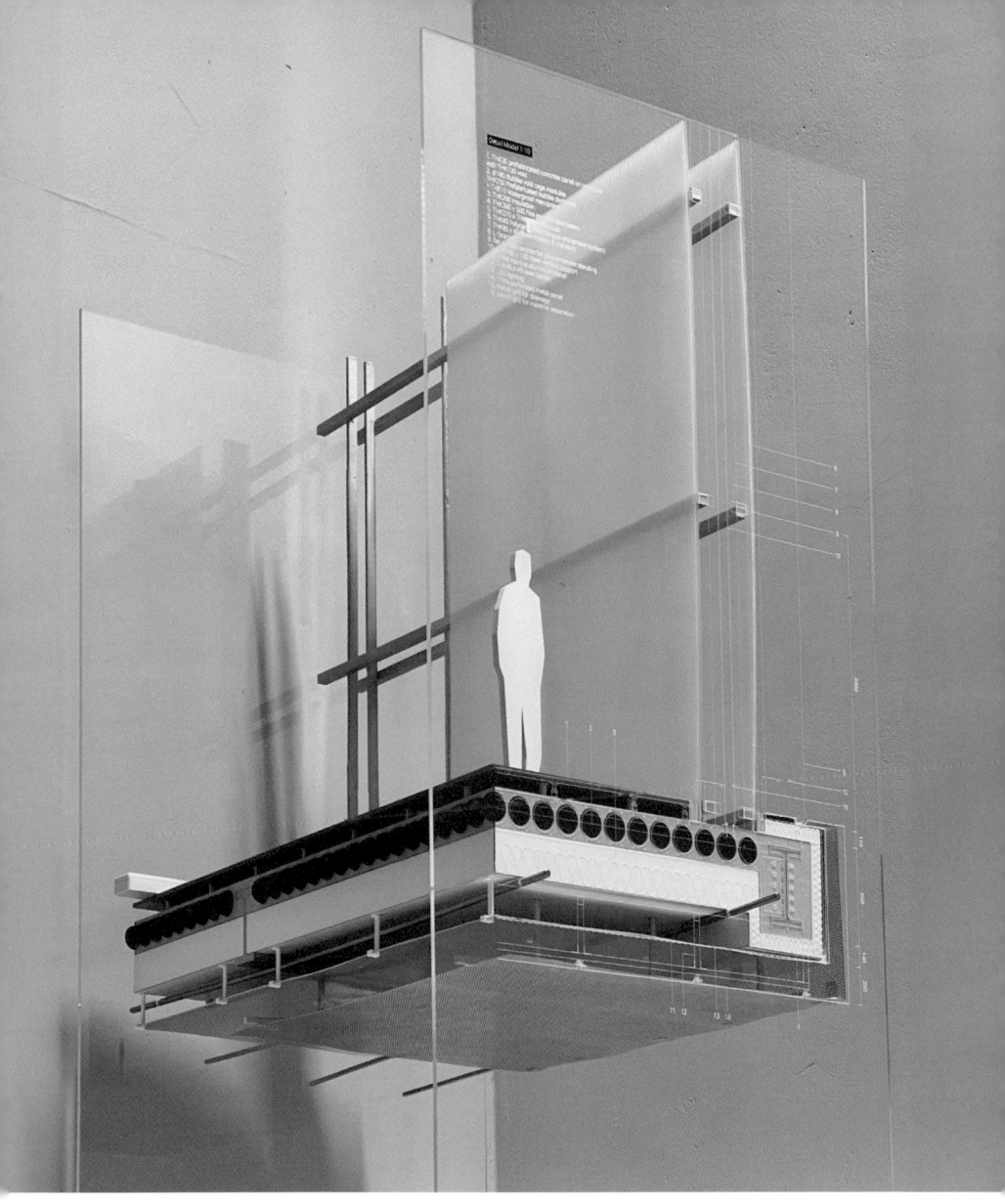

홍대거리를 밝히는 수직 증축부는 캔틸레버와 버블데크 슬래브,
철골 구조로 이루어져 있다.

1 THK30 prefabricated concrete panel on pedestals
2 with THK100 void Ø180 Bubble void cage modules
   THK250 Prefabricated bubble deck slab + THK10
   Waterproof membrane
3 THK200 Insulation
4 THK300 x 500 Fire proofed steel beam
5 THK370 x THK600 Steel truss
6 Flat suction anchor for polycarbonate standing
7 L-bracket
8 THK40 Polycarbonate(tongue and groove system)
9 THK85 x 40 Steel mullion & transom
10 THK100 x 100 Steel vertical support
11 THK4 Hairline aluminium panel
12 LED lighting
13 THK40 x 40 steel batten
14 THK4 Aluminum perforated panel
15 Trench grill for drainage
16 Trench grill for material separation

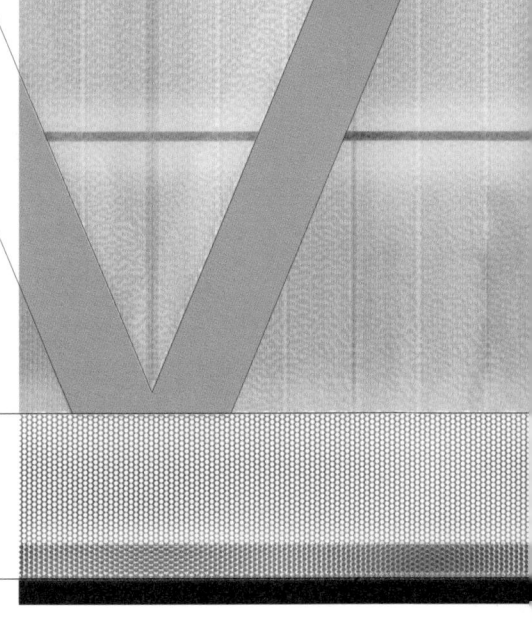

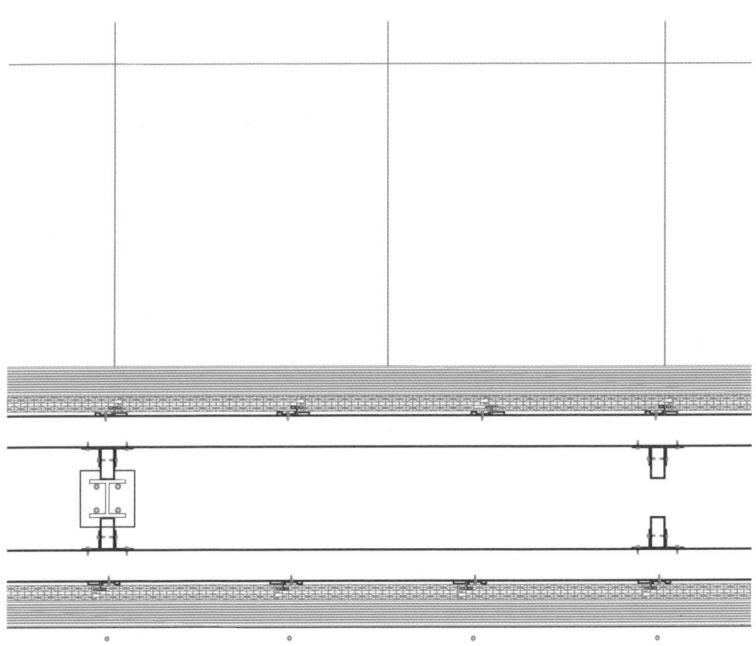

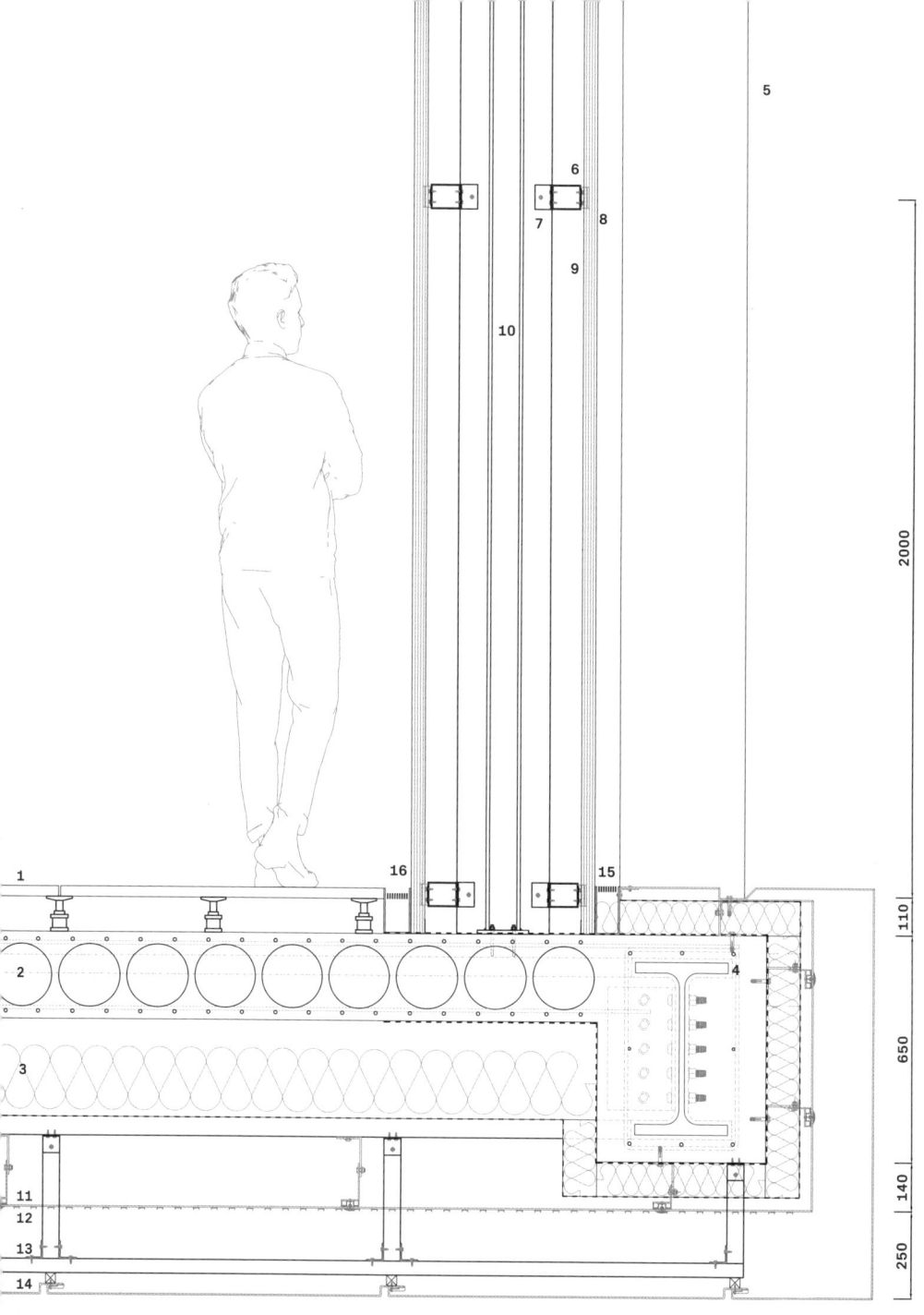

Metal

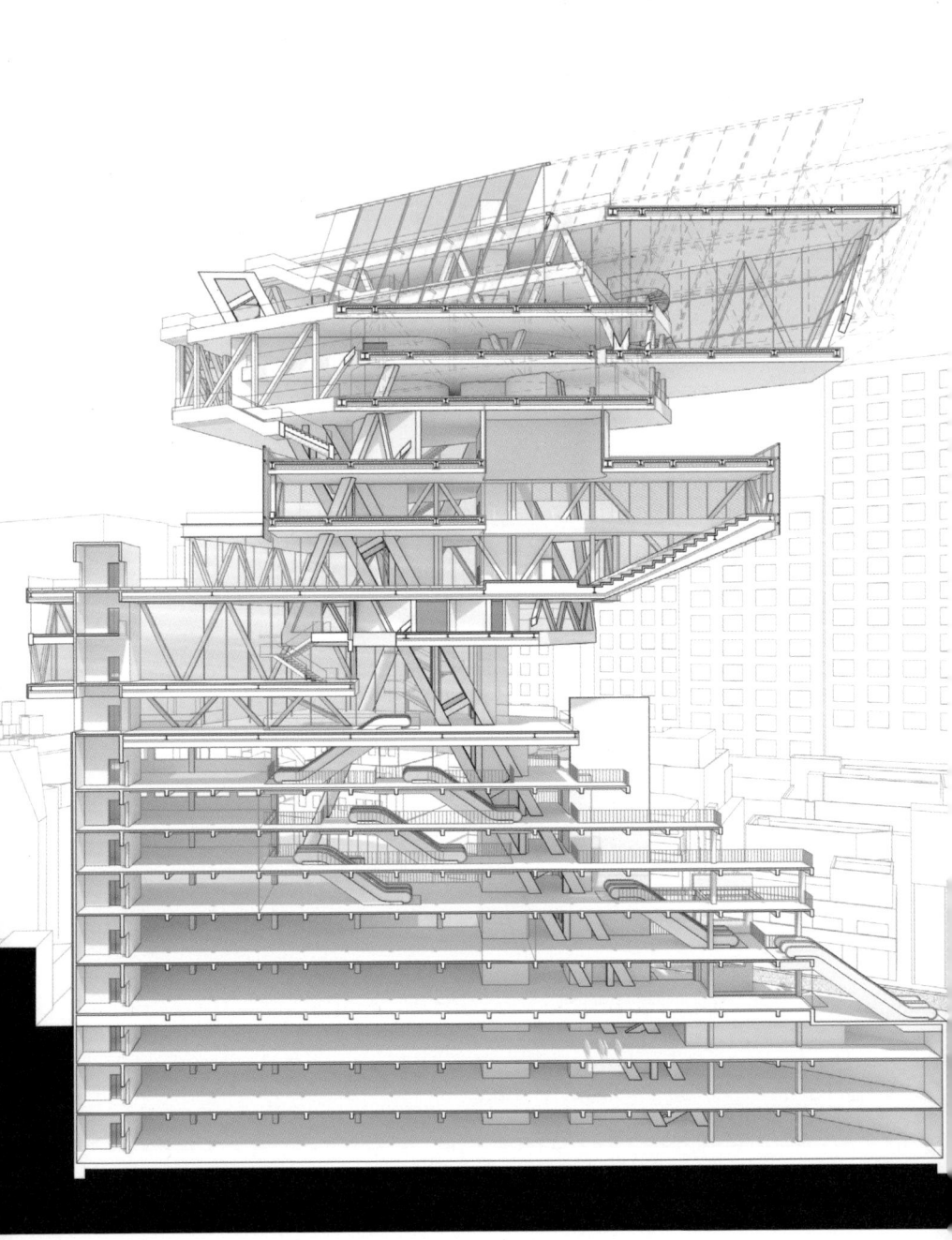

구조로 인한 시각적 제약이 없는 전망의 테라스를 구현했다

Aluminum space frame & Glass curtain wall façades

기능을 고려한 비정형 공간
Optimized space volume by free form

서점과 도서관은 책을 보관하고 읽는 활동이 이루어진다는 점에서 유사한 공간으로 볼 수 있다. 또한, 책의 분류는 서가의 배치뿐만 아니라 공간 구조에도 영향을 미친다. 이 프로젝트는 정형화된 사각형 공간에 책과 사람을 맞추기보다는 책의 주제와 사람의 행위에 따라 공간의 높이와 너비, 볼륨 그리고 형태가 유기적으로 조화된 서점 공간을 계획하고자 한다.

을지로 3가의 문맥(Context)과 환경 분석을 통해 프로그램 배치, 입구 접근성, 주변 시설로부터 다양한 동선 패턴을 파악했다. 골목은 많지만 모이는 중심성이 약한 지역 특성으로 인해 시작과 끝이 명확한 선형구조(Linear)가 아닌, 사람들이 더 오래 머물 수 있는 순환구조(Circular)가 더 적합했다.

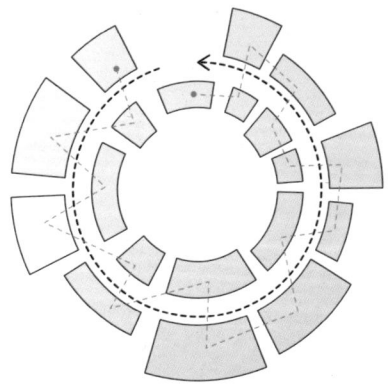

공간 구성은 책의 분류를 중심으로 서가를 순환형으로 배치하고, 중앙부에는 도시와 시각적으로 단절된 중정을 조성하여 사용자에게 혼잡함에서 벗어난 독서와 휴식의 공간을 제공한다. 주요 구조재로는 MERO사의 알루미늄 스페이스 프레임 시스템(Space Frame System)을 사용하여 경량성과 강도, 유연성을 극대화한 설계를 구현했다. 이 시스템은 외피 자체가 3차원 트러스 구조로 유기적인 공간 관계를 비정형(Free-Form)으로 계획할 수 있으며 수직적인 빌딩 숲 사이에 새로운 공간을 구현하는 데 유리하다. 이 건축은 도시 스케일에서 하나의 오브제로서 새로운 랜드마크로 작용할 것이다.

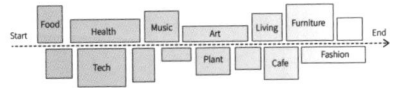

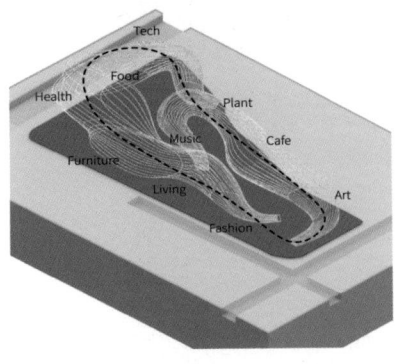

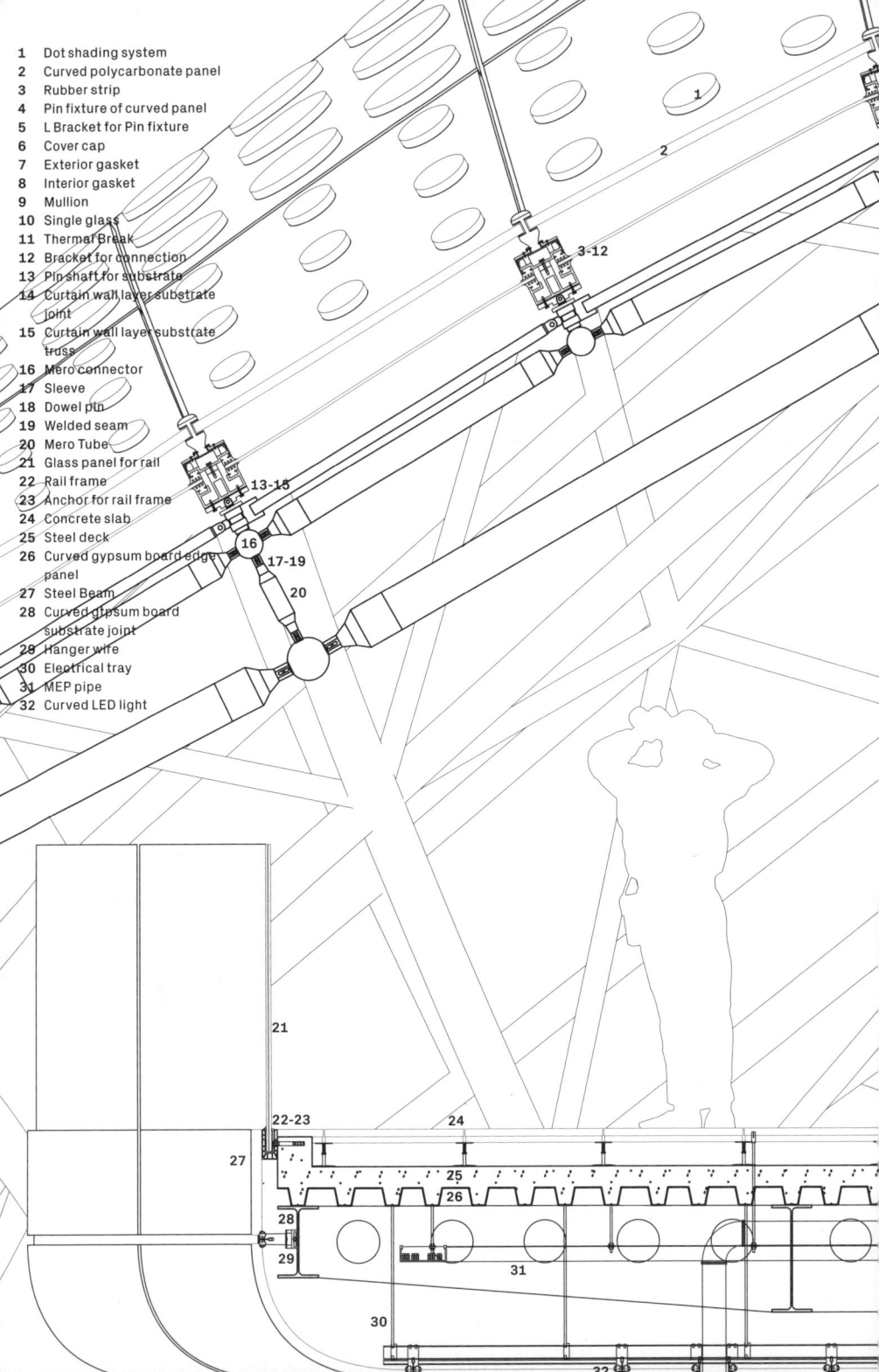

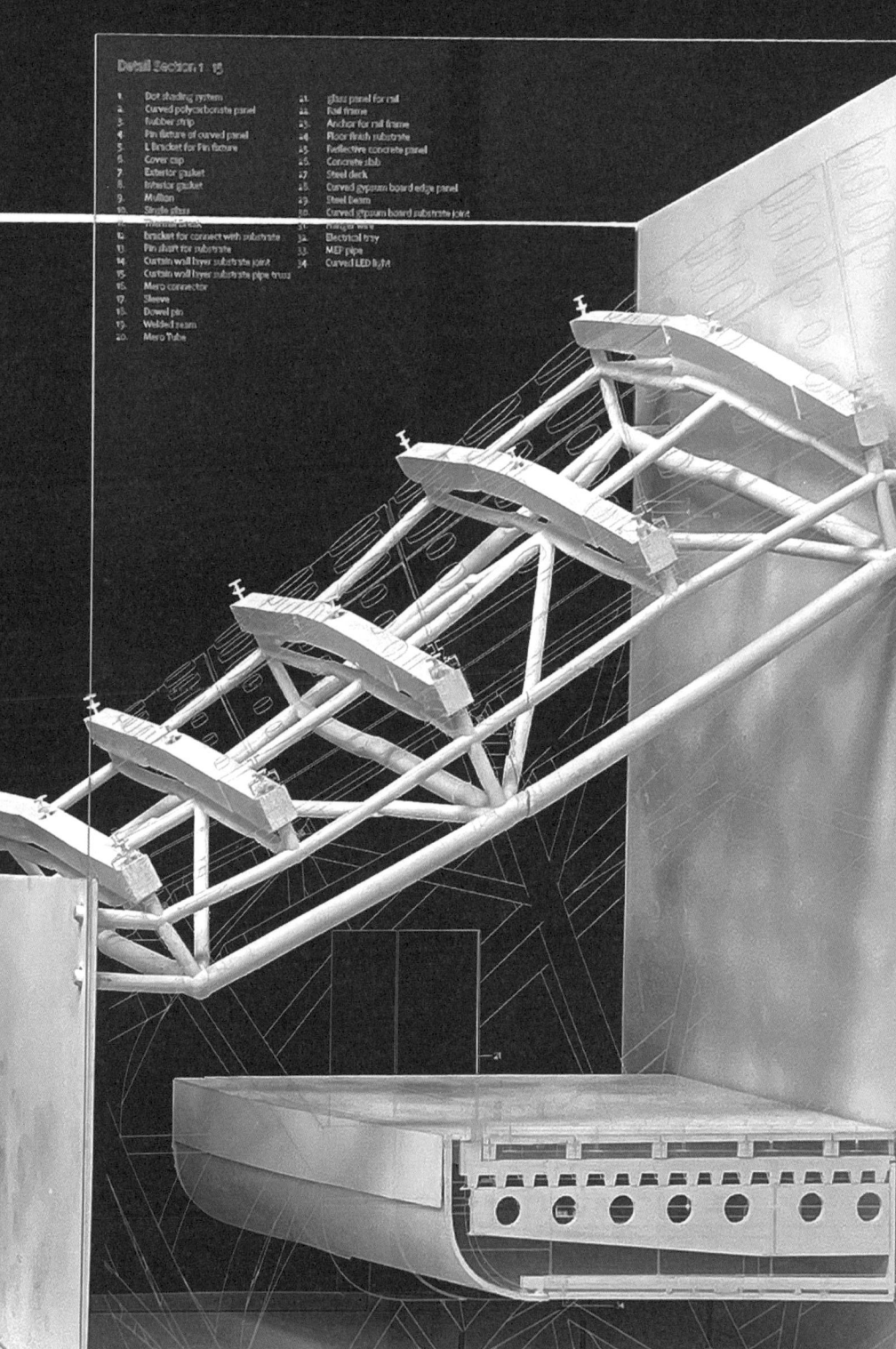

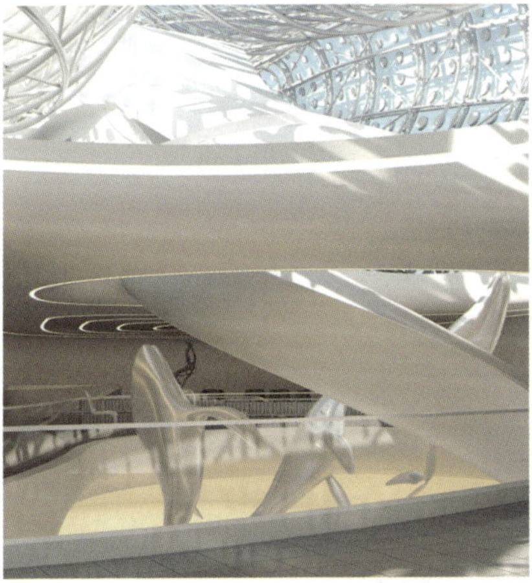

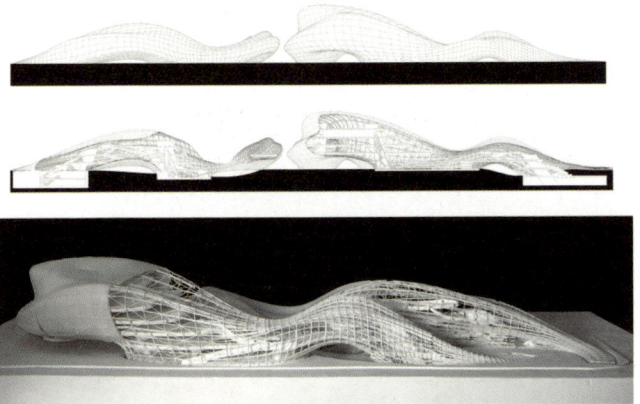

비정형 유리 커튼월은 내·외부에서 서로의 모습을 노출하며 도심 속 새로운 풍경을 만든다.

Tensile High-Strength steel cable

기둥을 최소화하는 현수 구조
Minimized columns by Suspension structure

층층이 쌓인 빌딩의 수직 구조인 기둥은 하중 지지와 안정성을 제공하지만, 공간 활용에 제약을 가할 수 있다. 이를 최소화하기 위해 현수 구조 개념을 적용하여, 기둥의 수를 줄이고 공간 활용도를 극대화하는 계획을 제안했다. 기본 구조는 코어와 기둥이 하중을 지지하지만, 각 층 슬래브 끝단에는 기둥 대신 고강도 강철 케이블 기반의 현수 구조를 적용하여 구조적 안정성을 확보하고, 전망과 개방감을 느낄 수 있도록 했다. 이 케이블은 프랑스 미요 대교(Viaduct de Millau)에서도 사용한 소재로, 여러 개의 강철 스트랜드(Strand)로 구성되어 있다. 각 스트랜드는 아연 도금(Galvanized), 왁스 충전, 고밀도 폴리에틸렌(HDPE) 코팅으로 삼중 부식 방지 처리가 되어 있으며, 100년의 설계 수명을 가진다. 이를 통해 시야 방해를 최소화하고, 보다 개방적이고 유연한 공간을 구현할 수 있다.

업무용 빌딩의 1층 외부 공간은 답답한 업무 환경에서 잠시라도 벗어나고자 하는 사람들로 항시 붐비는 곳이다. 이를 고려해, 각 층의 코너마다 개방된 외부 테라스를 두어 흙, 꽃, 나무 등 자연 요소를 배치해 답답한 업무 공간의 오아시스 같은 역할을 한다. 오피스와 테라스 사이에는 반투명 유리를 사용하여 직접적인 시선은 분리하고 자연 채광이 충분히 유입될 수 있도록 계획했다.
이 디자인은 기둥으로 인한 시야 방해를 줄이고, 개방적인 공간을 창출하는 한편, 자연과 건축적 요소를 조화롭게 통합하여 사용자 경험을 강화하는 데 중점을 둔 설계다.

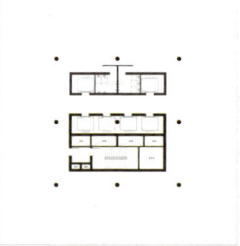

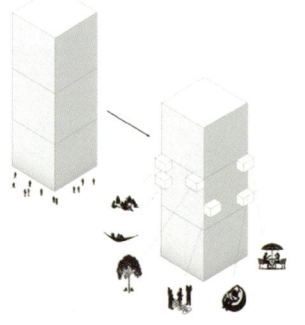
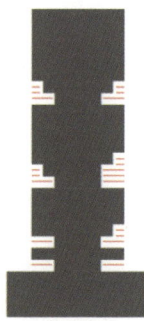

1   2 3   4   5   6   7   9 10   11

1   Frosted glass for visual separation between interior and exterior
2   Precast reinforced concrete slab placed on a steel beam
3   Internal π beam connected to the iron rod and beam
4   Gap between the concrete slab and floor finish allows rainwater to flow beneath the finish
5   Suspended wooden louvre ceiling finish attatched to the concrete slab
6   Outermost flange beam connected to the iron rod
7   L-shaped batten secures the mullion of the glass wall and the edge of the floor finish material, separating the materials
8   Rainwater on the 1/150 sloped concrete slab passes through holes between L-shaped battens and connects to the drainage trench
9   Non-combustible glass wool with excellent insulation performance, even in thin layers
10 Limestone panels on the building exterior subtly illuminate when viewed from outside
11 Iron rod secures the beam vertically by tightening it
12 Leveling pedestal function to maintain a 100mm gap between the limestone panel flooring finish and the slab
13 Hanger serves the function of transferring the tension from the steel rod fixed to the beam below the slab to the upper truss structure system

12   13

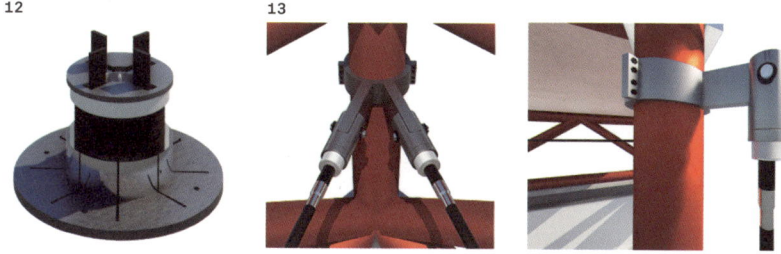

Metal   123

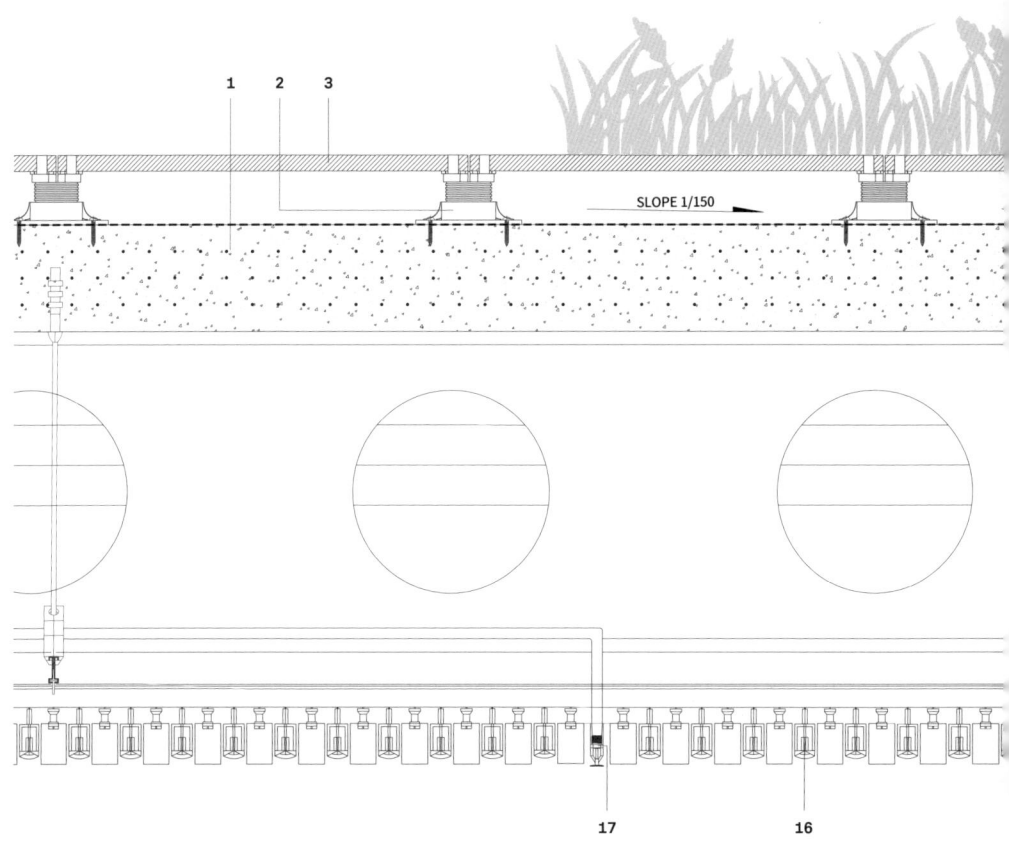

1	Thk 200 Precast Reinforced Concrete Slab	
2	Leveling Pedestal for Outdoor Flooring Stone Finish	
3	Thk 30 Limestone Panel	
4	Rubber Spacer	
5	L Shape Steel Batten	
6	Drainage Trench	
7	Fire Resistance π Shape Steel Beam	
8	Thk 60 Insulation - Glasswool	
9	Thk 27 Limestone Panel	
10	Thk 38 Triple Layered Laminated Toughened Glass Wall	
11	Φ 83 Tension Iron Rod to Support Lintel Structure	
12	Fastener for Iron Rod	
13	Aluminium Ceiling Mounting Track	
14	Top Cross Rail	
15	Wooden Louvre Ceiling Finish	
16	Suspended Lighting	
17	Sprinkler for Fire Case	
18	Curtain Box	

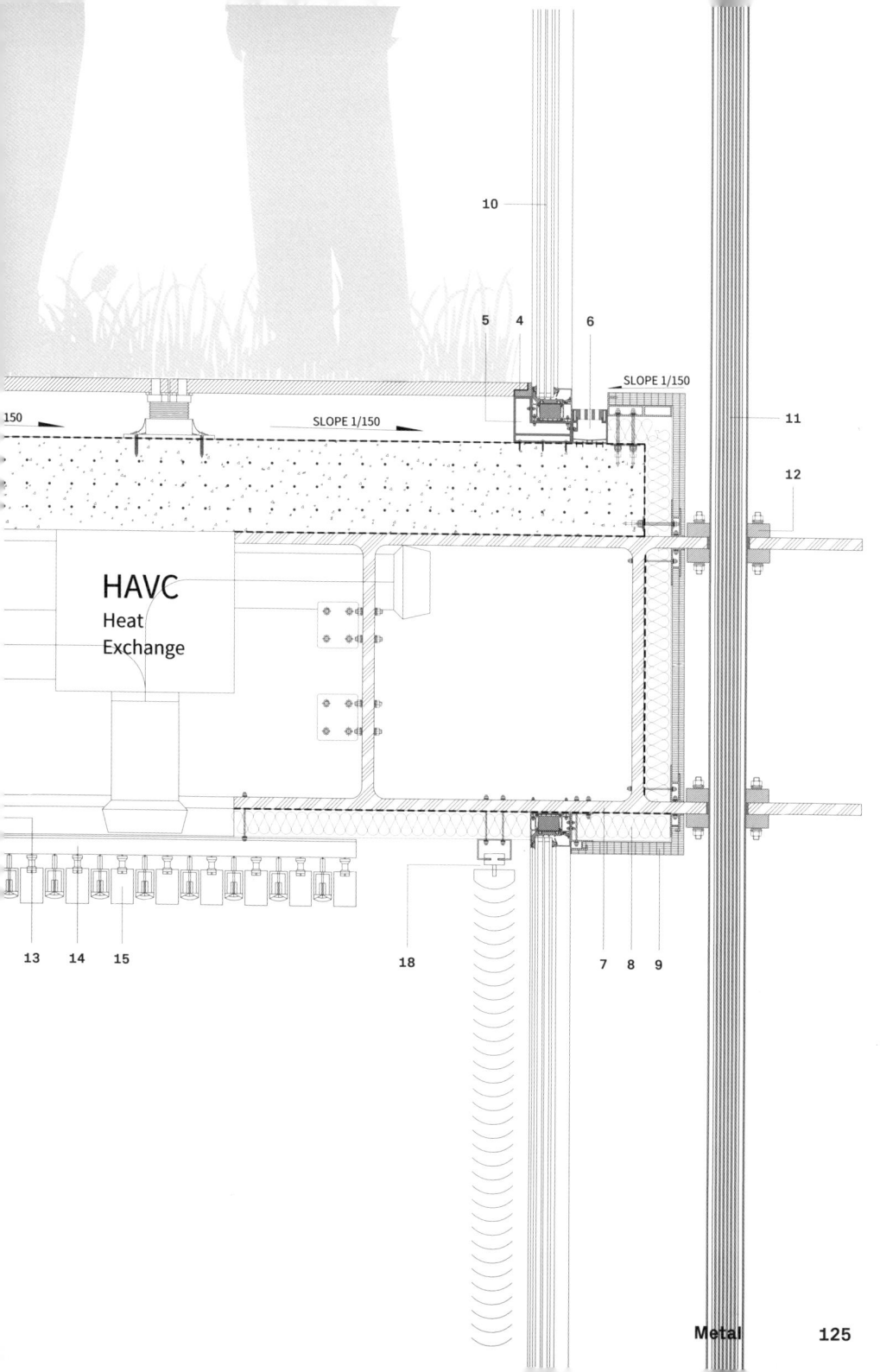

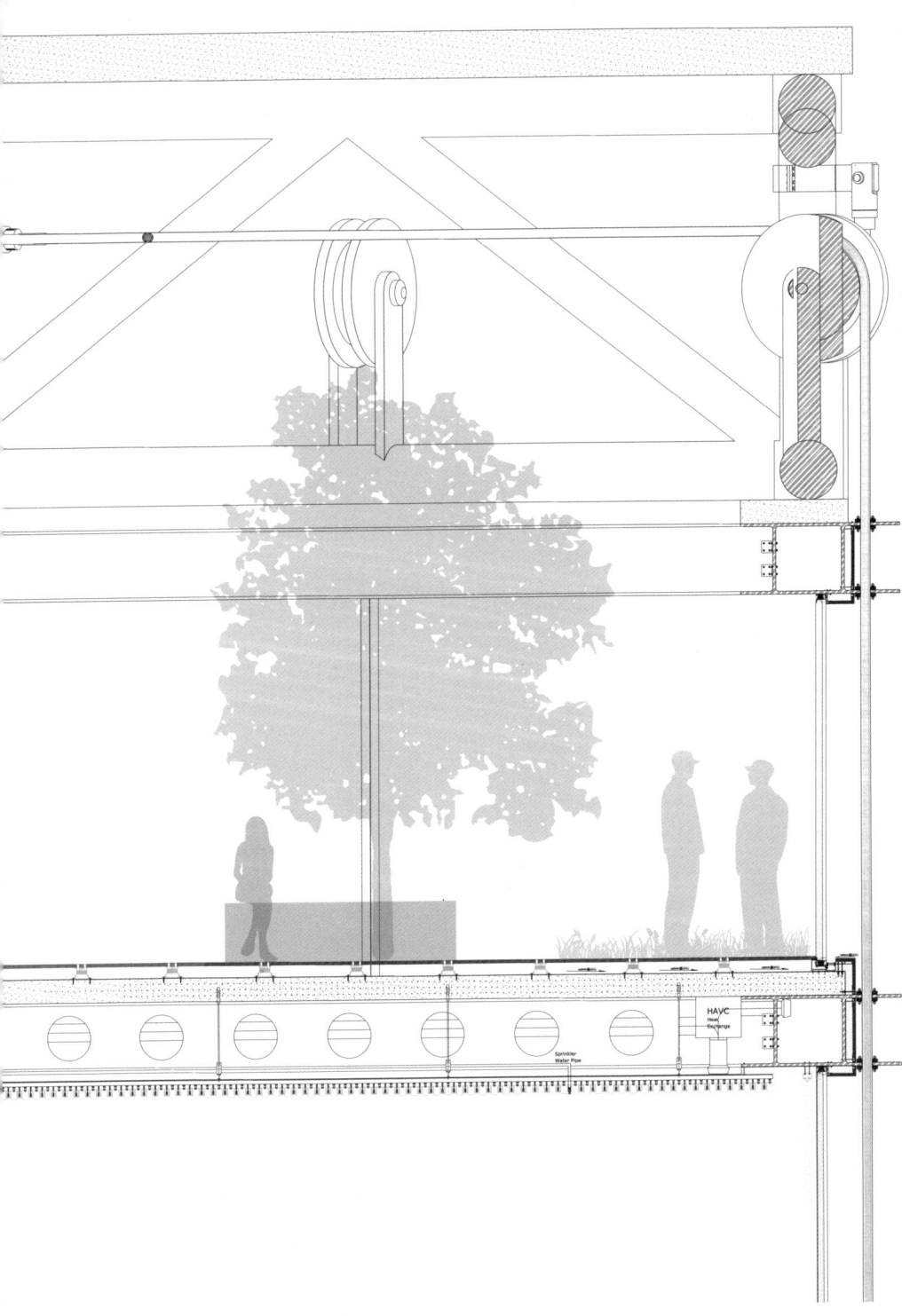

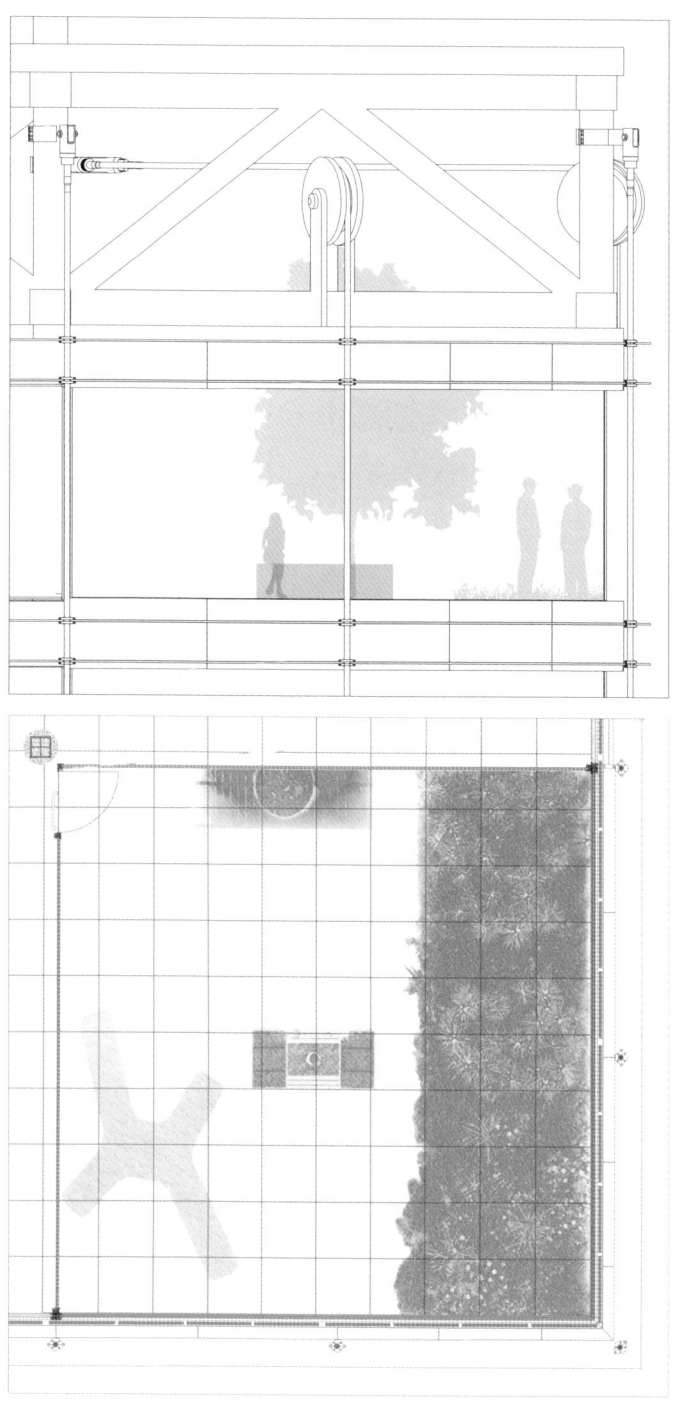

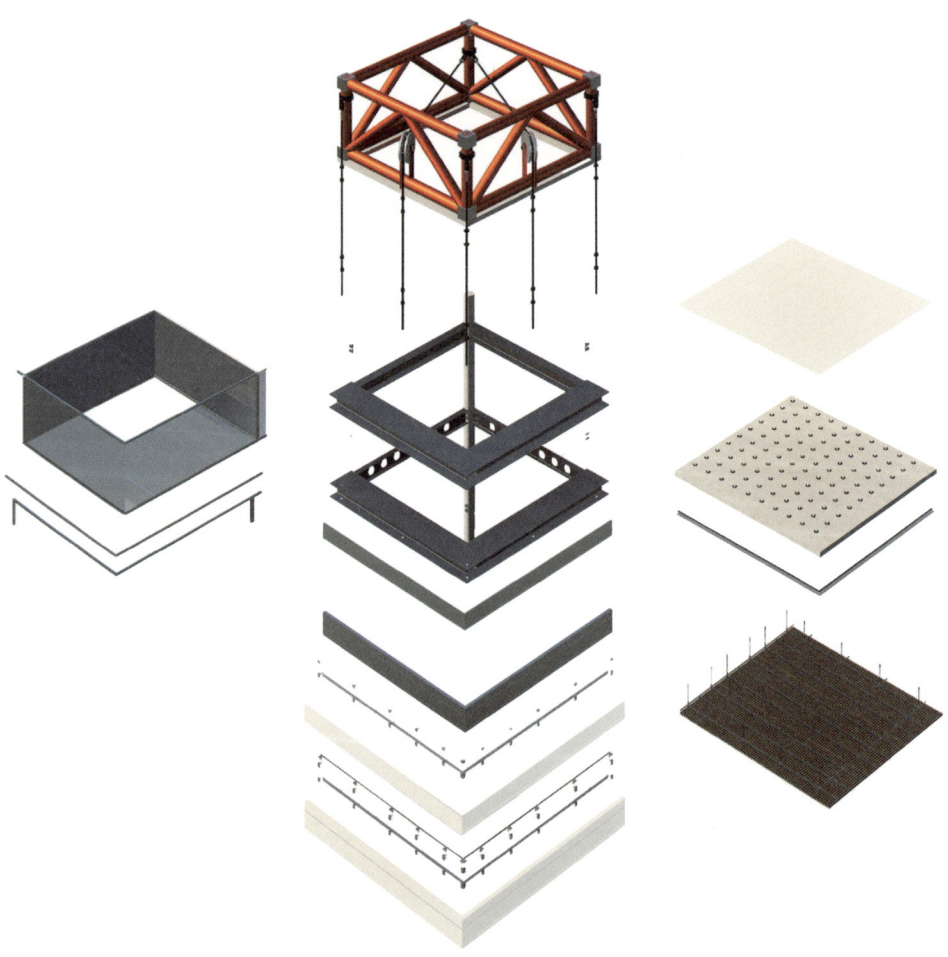

슬래브를 지지하는 빌딩 상부의 현수 구조 다이어그램으로 철골 트러스 구조에 연결된 인장 강선들은 각 층 슬래브 가장자리와 만나 하중을 지지하며 이는 기둥의 수를 최소화 하며 내부 공간의 활용성을 높인다.

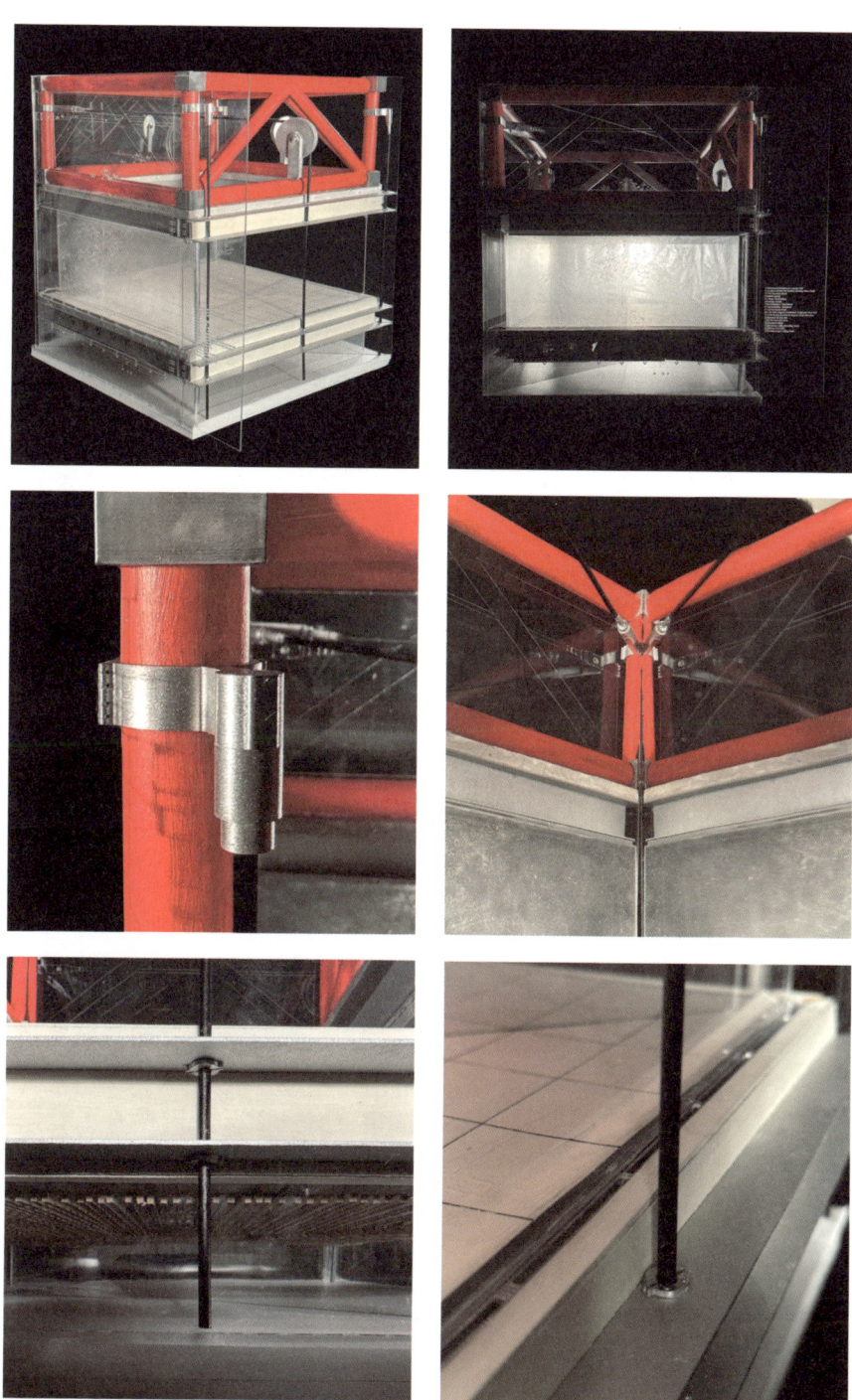

| Hairline textured stainless steel

외부를 닮고 싶은 내부 공간
Echoing space by textured stainless steel ceiling

고대 그리스의 야외극장인 원형극장(Amphitheaters)은 모든 관객이 한 곳의 무대를 바라보도록 설계된 구조로, 무대와 관객 간의 유기적인 소통을 가능하게 한다. 이 프로젝트가 제안하는 미술관은 이러한 구조적 관계를 차용하여 내·외부 공간이 상호 작용하고, 소통(Communicative Activity)이 이루어지는 디자인을 목표로 한다.

미술관은 원형의 외부 중앙 광장을 중심으로, 부채꼴 모양으로 둘러싸인 내부 공간으로 구성된다. 외부 광장(전시) - 로비 - 내부 전시 공간은 곡선형 로비를 중심으로 서로 경계 없는 하나의 통합된 전시 공간으로 기능한다. 내·외부 공간의 바닥은 밝은 샌드스톤 계열의 석재로 동일하게 마감하여 하나의 연속된 공간으로 연출하고, 유리 벽만으로 두 공간을 구분했다. 외부 광장은 갤러리와 휴식 공간으로 활용되며, 유리 벽을 통해 내부 로비는 외부로 확장된다. 외부에서는 하늘이 자연스럽게 천장의 역할을 하고, 내부에서는 반사 재질의 헤어라인 텍스처 스테인리스 스틸(Hairline textured Stainless Steel) 천장을 활용하여 경계를 없애는 은유적인 연출을 시도했다. 금속 질감의 천장은 미세한 선들로 이루어져, 내·외부의 석재 바닥을 은은하게 반사하며 광장과 내부를 하나의 통합된 공간으로 인식하게 만든다.

이 설계는 모든 시선과 동선이 자연스럽게 중앙 광장을 향하도록 유도하며, 광장과 내부 공간이 상호 소통하는 관계를 맺는 유기적 구조로 완성되었다.

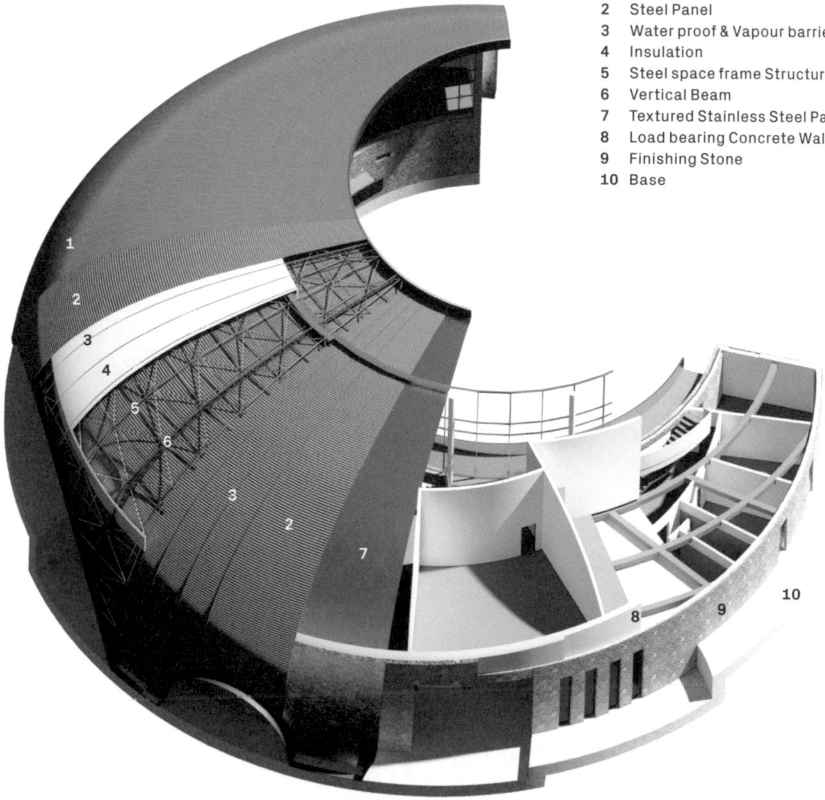

1 Zinc Panel
2 Steel Panel
3 Water proof & Vapour barrier
4 Insulation
5 Steel space frame Structure
6 Vertical Beam
7 Textured Stainless Steel Panel
8 Load bearing Concrete Wall
9 Finishing Stone
10 Base

Metal

1	THK3 Zinc Panel - 300 x 150	11	L-Bracket 5T - 120 x 120
2	THK5 CorrugatedSteel Panel	12	Motorized blind - 200 x 200
4	THK5 C Bar - 50 x 50	13	24T Double Glazed Toughened Low-Iron Glass
5	THK20 I-Beam / T40 - 600 x 100		
6	Waterproof / Vapor barrier Sheet type 3ply	15	Insulation 90mm
		16	10T Wood Plate
7	I-Beam 20T / 40T - 400 x 400	18	Sphere-shape Steel Bracket
8	C-Bracket 20T - 120 x 360 x 100	20	I-Beam 20T / 40T - 300 x 100
9	L-Bracket 20T - 120 x 450 x 100	21	40T Steel Edge Structure
10	Stainless Steel Panel 10T	22	3T Aluminium Trench

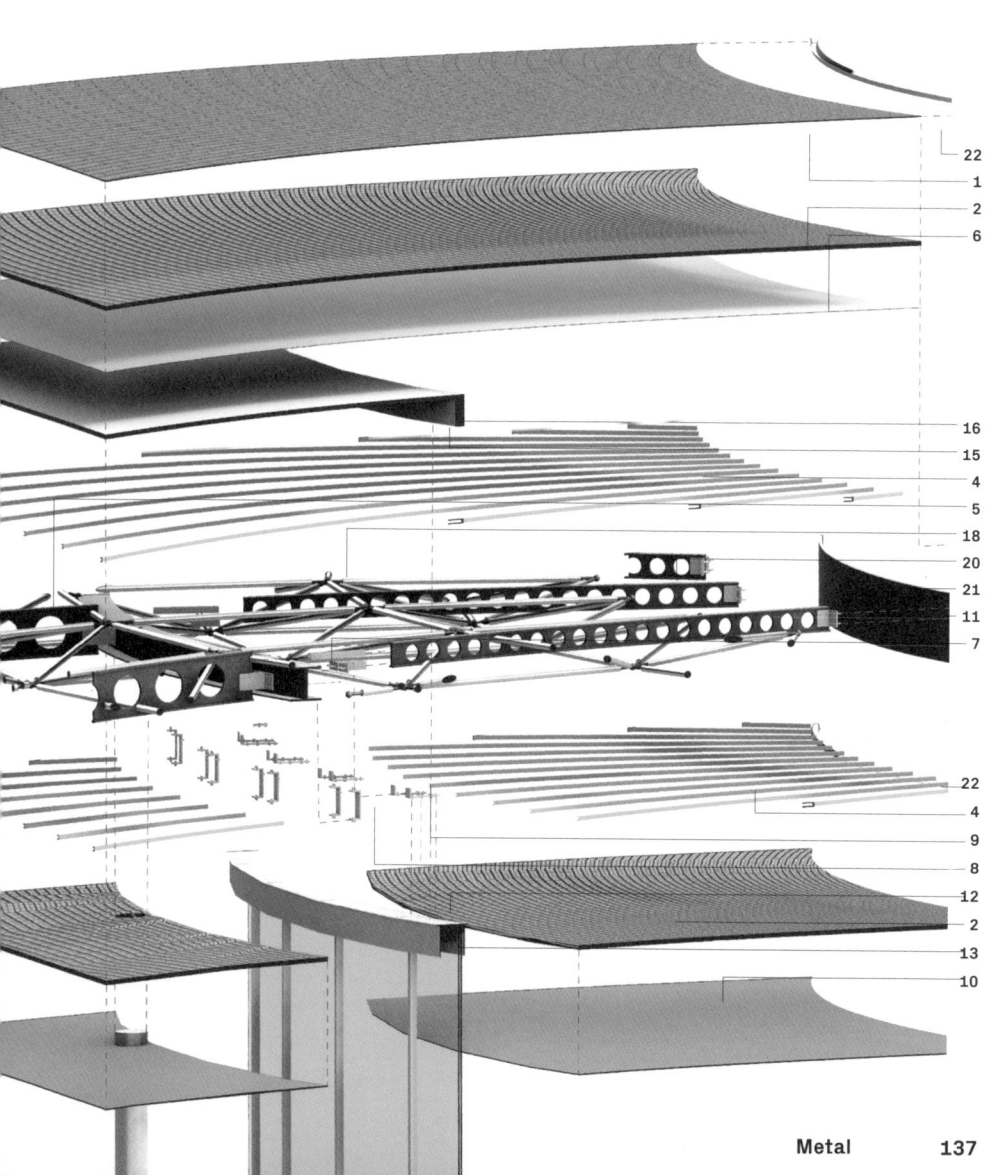

Metal

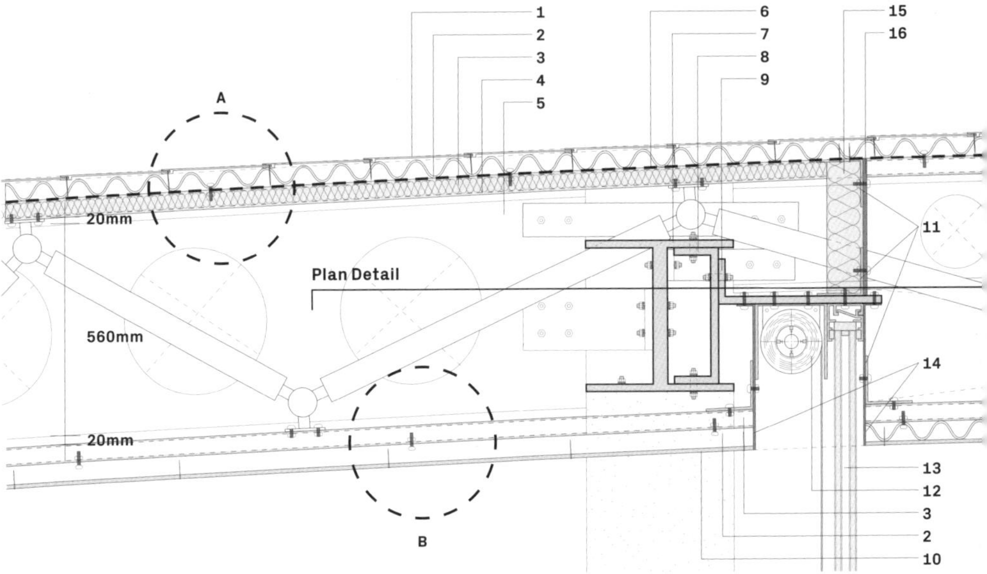

셸(Shell) 구조의 지붕 내부는 철골과 트러스를 이용해 기둥 간격(Span of Columns)을 극대화함으로써 제약 없는 공간 구현에 기여한다.

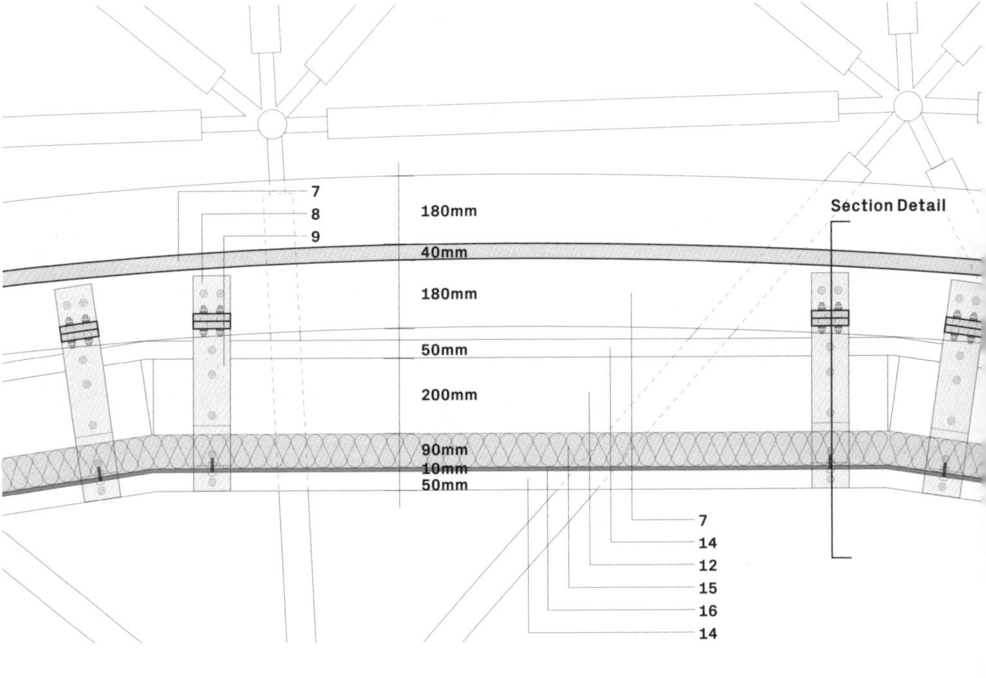

138 Materials & Spatial Qualities in Architecture

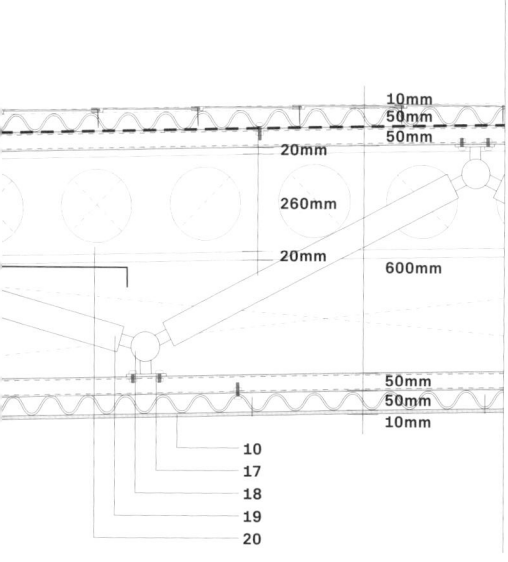
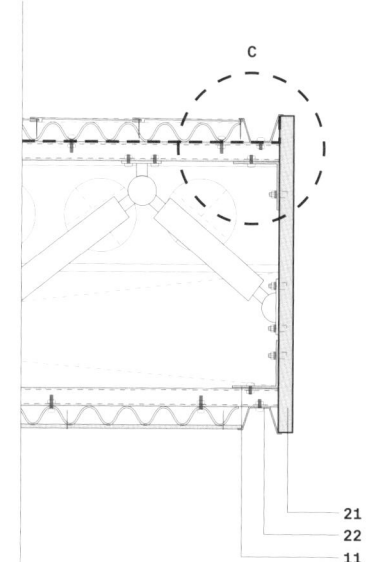

1 Zinc Panel 3T - 300 x 150
2 CorrugatedSteel Panel 5T
3 Insulation 50mm
4 C Bar 5T - 50 x 50
5 I-Beam 20T / 40T - 600 x 100
6 Waterproof / Vapor barrier
7 I-Beam 20T / 40T - 400 x 400
8 C-Bracket 20T - 120 x 360 x 100
9 L-Bracket 20T - 120 x 450 x 100
10 Stainless Steel Panel 10T
11 L-Bracket 5T - 120 x 120
12 Motorized blind - 200 x 200
13 24T Double Glazed Toughened
   Low-Iron Glass
14 5T Aluminium Plate
15 Insulation 90mm
16 10T Wood Plate
17 Steel Bracket
18 Sphere-shape Steel Bracket
19 Steel Cylinder R40
20 I-Beam 20T / 40T - 300 x 100
21 40T Steel Edge Structure
22 3T Aluminium Trench

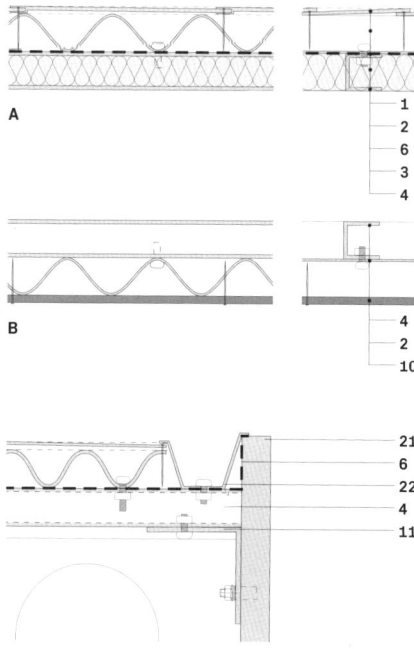

A

B

C

Metal

CONC

RETE

Seamless concrete slab

수평확장된 커뮤니티 공간
Growing community by flat concrete slab

한국의 집합 주거에서 복도와 홀 같은 공적 영역은 주로 사람의 행위(Activity)가 일어나지 않는 희미한 공간으로 여겨져 왔다. 이 프로젝트는 단순히 지나가는 통로(Passing Route)에 그치던 복도를, 머물며(Stay Place) 차를 마시고, 식물을 키우고, 이웃과 자연스럽게 마주치는 공간으로 재정의하고자 한다.
주거 유닛 앞 복도를 공용 마당처럼 확장했으며 집 내부와 외부 공용 영역(복도)의 경계에 단차가 없는(Step-less Flat) 바닥을 설계하여, 문을 열었을 때 내·외부가 하나의 연속된 공간으로 느껴지도록 의도했다. 이는 재료를 활용한 주요 디자인 전략 중 하나였다. 이를 위해 두께 350mm의 무량판 콘크리트 슬래브(Flat Slab)를 적용했다. 슬래브와 보(Girder & Beam)가 일체화된 철근콘크리트는 구조적 강성을 높이며, 보 없는 평탄한 천장을 구현한다. 확장된 복도의 경계에는 깊이 450mm의 화단을 조성하고, 높이 약 1m의 관목을 심어 복도를 머무를 수 있는 공간으로 변모시켰다. 화단에서 각 세대 대문까지는 50mm 두께의 콘크리트 타일(Concrete Flooring Tile)을 사용하며, 40x360mm 단면의 서까래(Rafter)로 슬래브와 타일 사이를 지지해 높이 차 없는 평탄한 바닥을 완성했다.
집 내부에서 시작해 외부 마당이자 공공

가로인 복도, 그리고 복도 끝에 자리한 화단까지, 단차 없는 평평한 바닥(Flooring Level)과 천장을 통해 사적 영역과 공적 영역의 경계를 허물고, 이웃 간의 우연한 만남이 일어날 수 있는 새로운 '풍경(Scene)'을 제안하고자 했다.

1. Floor assembly:
   50mm precast concrete tile paving on h360mm timber rafter void T40mm screed within 3% slope water proof membrane + 350mm flat plate reinforced concrete slab
3. I beam lintel for horizontal support
4. 250mm * 250mm steel beam precast concrete trench cover over the trench grill
5. 306mm depth soil
6. 10mm draining geocomposite
7. 50mm gravel layer
8. 4mm aspalt membrane
9. 90mm concrete sub flooring 2% slope
10. Pipes for drain irrigation
11. 20mm timber rafter to support flooring finish
14. 12 Anodized steel balustrades
15. 20mm Vapour barrier

높은 층고와 슬래브는 집안에서 외부로 수평 확장되며 단순히 지나치는 복도가 아닌 차를 마시고 이웃과 담소를 나누며 머물수 있는 공간으로 만들어진다.

3

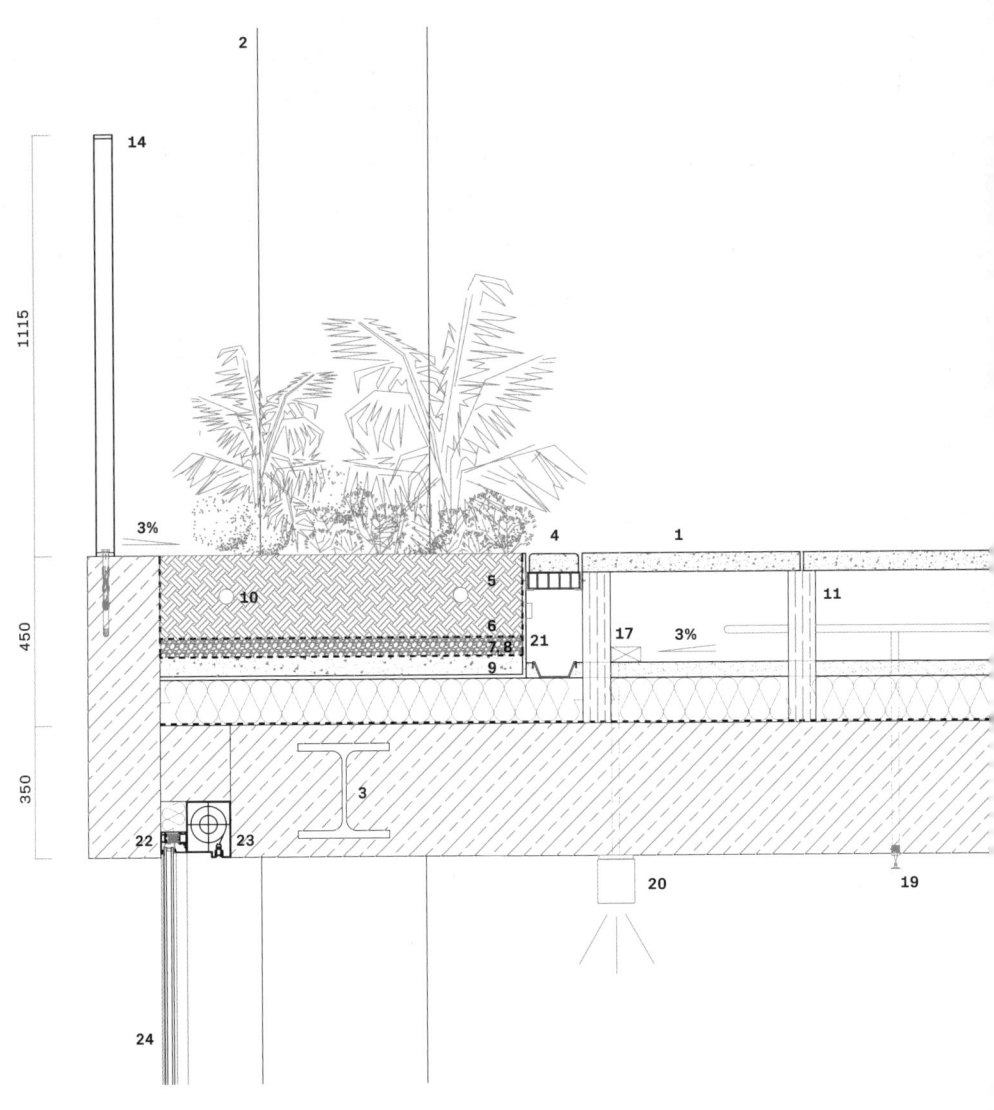

집 내부에서부터 수평 확장된 공용 공간(복도)

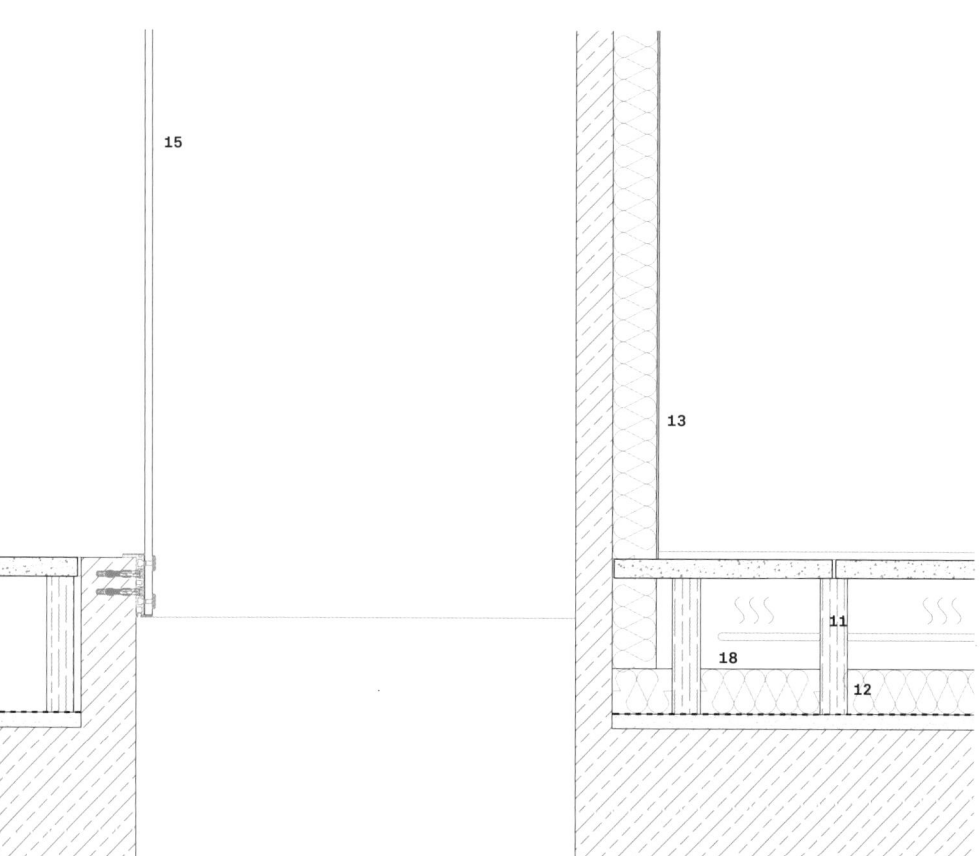

1 Floor assembly:
   50mm precast concrete paving
   on timber rafter 360mm void
   40mm screed with 3% slope
   water proof membrane
   350mm flat plate reinforced
   concrete slab
2 D450mm steel composite support
3 250mm * 250mm steel beam
4 precast concrete trench cover
   over trench grill
5 306mm depth soil
6 10mm draining geocomposite
7 50mm gravel layer
8 4mm aspalt membrane
9 90mm concrete sub flooring 2% slope
10 Pipes for drain irrigation
11 20mm timber rafter to support flooring finish
12 120mm insulation
13 Sto thermal classic k
   (neropor 150mm + stolit K1.5 Lotusan)
14 Steel handrail
15 Glass handrail
17 Power box
18 D20mm pipes for heating
19 Fire sprinkler
20 LED indoor ceiling light
21 Stainless steel panel
22 Aluminum window frame
23 Sunshade curtain
24 Double glazed low-e glass

공용 공간(복도)은 사람들이 머무는 장소이면서 소통하는 장소다.

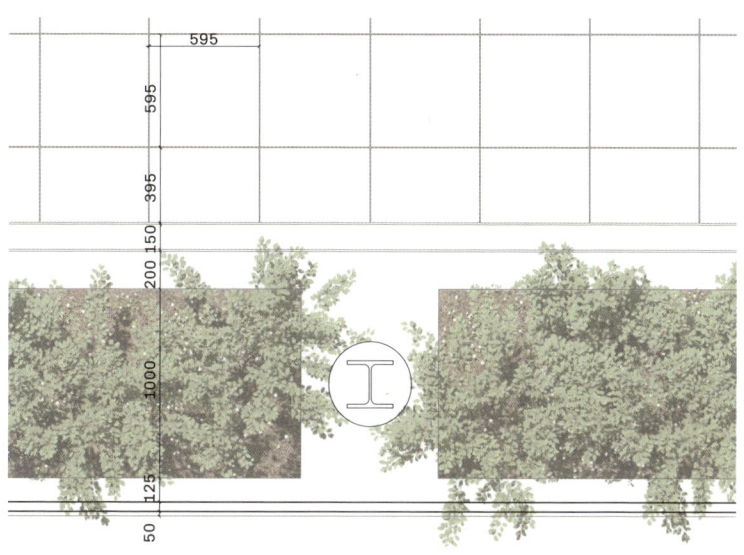

Concrete

Undulating concrete roof

완만한 물결이 만드는 놀이 공간
A spectrum of space shaped by undulated roof

초등학교는 전형적인 유형의 사각형 야외 운동장과 한편에 층층이 쌓인 건물로 구성되어 있다. 이 학교는 단층으로 설계되어 비상시 신속하고 효율적인 대피가 가능한 동선 구조를 갖추고 있으며, 지붕을 기준으로 상부는 개방형 마당(Open Courtyard), 하부는 반개방형 중정(Semi-Open Courtyard)으로 계획되어 있어 새로운 건축적 가능성을 모색했다. 지붕 위 공간은 기존의 운동장 기능을 수행하는 동시에, 지붕 아래 공간은 비와 여름 햇살을 피할 수 있는 실외 공간으로 활용된다.

또한, 이 공간은 실내 학습 공간과 같은 레벨에서 앞마당, 놀이터, 광장으로 기능하며, 유리 벽을 사이에 두고 내부와 외부가 서로의 풍경(Scene)으로 작용하도록 설계되었다. 15개의 25x25m 크기 지붕은 교육 공간을 기능별로 구획하는 그리드 역할을 하며, 각 지붕은 연속되어 있지 않고 틈(Gap)을 두어 자연 채광과 환기가 가능하다. 아울러, 완만한 굴곡이 있는 지붕 구조(Undulated Slabs)를 도입하여 초등학생들의 정주 공간을 정형화되지 않고 유기적이며 율동적인 공간으로 계획했다.

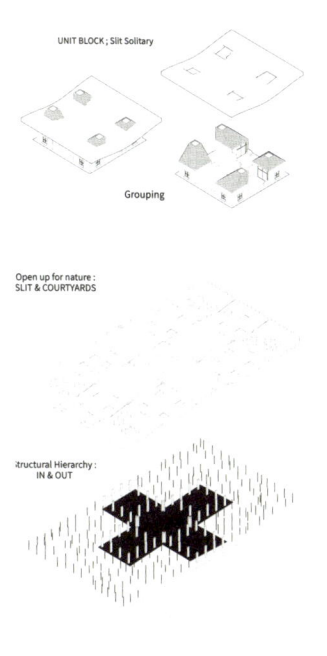

중앙에 위치한 십자가 형태의 실내 공간은 저철분 유리 커튼월(Low-Iron Glass Curtain Wall)을 적용하여 시각적으로 투명성을 극대화했으며, 동일 레벨의 실외 공간과 자연스럽게 연결되어 연속적인 공간감을 느낄 수 있다. 멀리언과 기둥에는 거울 같은 재질의 '크롬 클래딩(Chrome Cladding)'으로 마감하여 수직 부재의 반사 효과로 존재감을 최소화했다. 이러한 디자인은 반사를 통해 규칙적인 수직 요소를 시각적으로 줄여 공간에 유연성과 역동성을 부여했으며 내·외부 공간의 자연스러운 흐름을 형성한다.

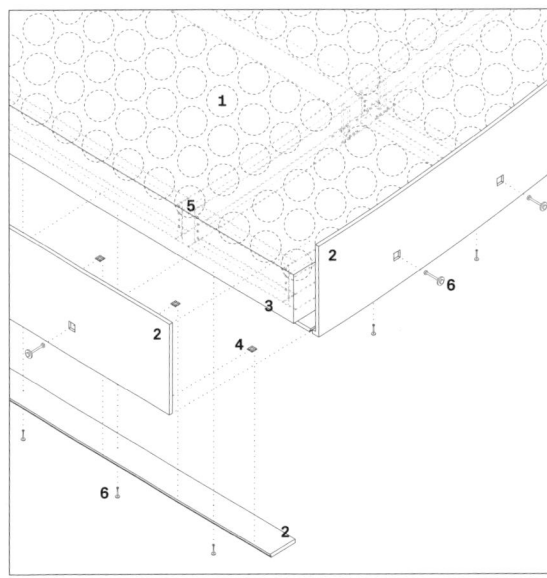

1. High-density polyethylene (HDPE) ball (R=210mm)
2. Precast concrete panel (50mm thick)
3. In-situ concrete flat slab (640mm thick, H beam encased bubble deck slab)
4. Brackets for precast concrete panels
5. H beam encased reinforced concrete beam (H-450x200x9x14)
6. Stainless steel anchoring concrete exterior to interior
7. H beam encased in-situ reinforced concrete column (600x1200mm)
8. H-600×200×20×30
9. H-450x200x9x14
10. H-350x175x8x13
11. H beam-column connection
12. Steel shear tab
13. Steel angle

3D Structural Detail - Slabs & Claddings

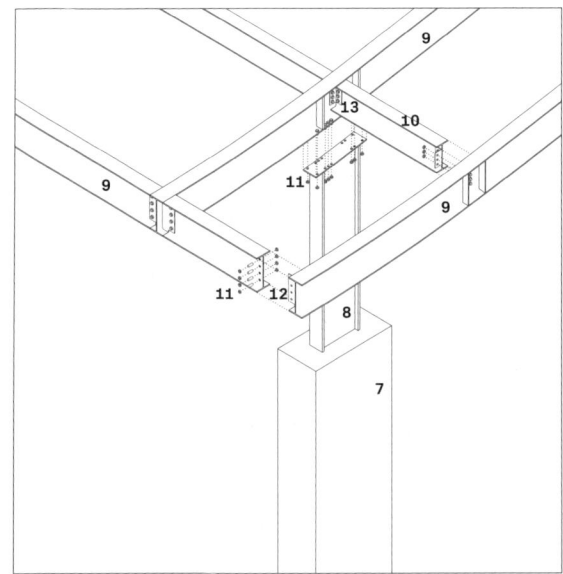

3D Structural Detail - Jointing Columns & Slab Structures

154   Materials & Spatial Qualities in Architecture

1 Steel H beam
   (H-450×200×9×14)
2 Single shear plate
3 Bolts
4 Steel cap plate
5 Steel cruciform column
   (+-150x150)
6 Angle connection bolts
7 Steel angle (L-95x95x20)
8 Welded chrome cladding
   (2.5mm thick)
9 Chrome cladding connection bolts
10 Leveling&tightening bolt&nuts
11 Steel column base plate
12 Anchor bolts placed inside
   pier reinforcement
13 Welding plates
14 High strength concrete grouting
15 Concrete column pier
16 Stainless steel attached to
   Schuco AWS 75 aluminum
   window frame, 100mm wide
17 Laminated insulating glass

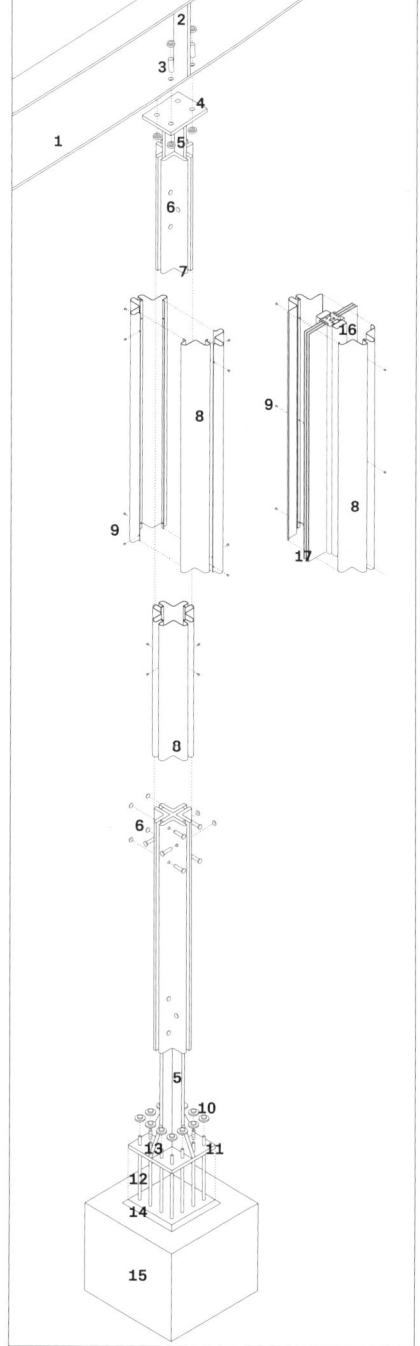

3D Structural Detail - Steel Columns

Concrete

1 Steel balustrade painted
2 Precast concrete panel (50mm thick), Stainless steel anchoring concrete exterior to interior
3 Ballast
4 Liquid waterproof, Rootstop membrane, Insulation, Hydrodrain AL, Moisture retention mat, Gardendrain GR50
5 Gardenedge metal edge restraint
6 Lifetop extensive growing media on system filter
7 Screed 80mm, In-situ concrete flat slab (640mm thick, H beam encased bubble deck slab)
8 Sprinkler
9 High-density polyethylene (HDPE) ball (R=210mm), Bubble deck void cage
10 Topwet drainage
11 Steel H beam (H-450x200x9x13)
12 Laminated insulating glass
13 Schuco AWS 75 aluminum window frame (150mm wide), Welded chrome cladding (2.5mm thick)
14 Air distributor
15 Stone pavement on Pedestals
16 Fan Coil Unit (UFAD), Steel grating, Stainless steel condensation catchment groove
17 Water insulating membrane, Screed on In-situ concrete
18 Drain tube
19 Steel column based plate, Leveling&tightening bolt&nuts
20 Anchor bolts placed inside pier reinforcement
21 Leveling concret footing
22 Steel beam encased reinforced concrete column
23 Chrome cladding finished rain water pipe (RWP)
24 Chrome cladding finished steel cruciform column

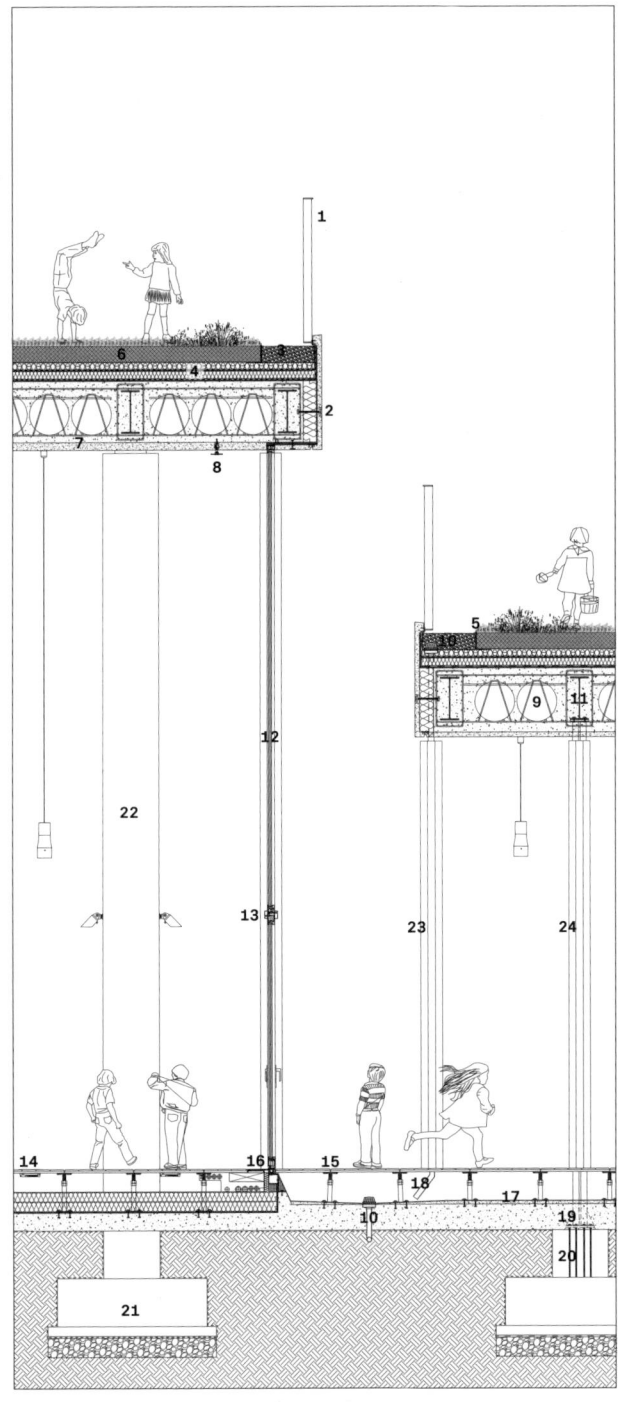

외부 활동 공간으로 제안된
완만한 물결 형태의 옥상 공간

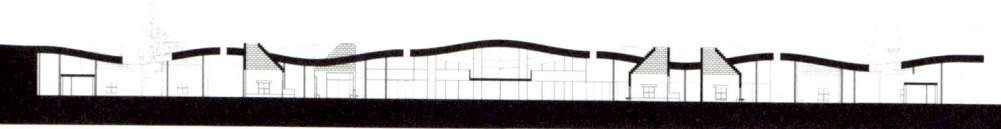

좋지 않은 날씨에도 스포츠나 놀이 활동이 가능한 지붕 아래 반 실외 공간이 있다.
크롬재질의 기둥을 활용해 내부 풍경을 반사하여 구조를 시각적으로 사라지는 듯 한 공간을 제안한다.

| SRC (Steel reinforced concrete) & Steel truss structure

차경으로 계절의 변화를 담는 공간
Borrowed scenery space by 30m Ribbon open cut

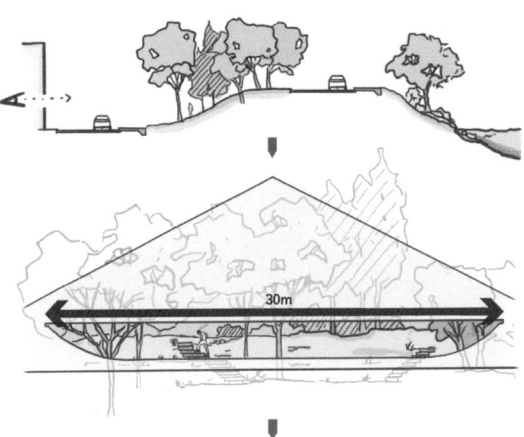

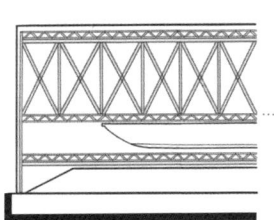

1 Stone cap roof flashing
2 Sealant
3 Bonding adhesive
4 Waterproof monolithic membrane
5 Surfacing-stone, paver ballast
6 Rainwater outlet, Drainage
7 Thermal insulation, 140 mm
8 Vapour barrier sheet_Hydroflex 10 seperation sheet
9 THK540 Reinforced concrete slab
10 Steel I beam, 200*200 mm
11 Steel & plate welded to the web of the I beam
12 Steel I beam, 300*400 mm
13 Parallel chord truss, 800 mm deep 1500 mm
14 Ø50mm Anchor bolts in truss beam
15 Steel L-beam each side, 150*150 mm
16 Rainwater drip
17 Vertical glass fin, 200 mm
18 Metal parapet capping
19 Steel column encased within anodized aluminum casing
20 Top soil, growing medium
21 Chippings, garvels_Drainage layer
22 Vapour barrier sheet_Hydroflex 10 separation sheet
23 Rainwater outlet, Drainage
24 Curtain box / Blind
25 Luminaires_LED ceiling lights
26 Packing peaces
27 Sash window frame
28 Double glazed toughened glass, 6 mm each2
29 2% Zinc oxide added concrete, 420 mm
30 Thermal Insulation, 100 mm
31 PVC Raised floor pedestal, 600 mm
32 Sheet metal bracket, triangle-shaped support
33 Finishing material
34 T=9.5 2-ply gypsum board with lightweight steel ceiling frame
35 Cables, electrical outlet
36 Air-handling units
37 THK500, PVC Raised floor pedestal
38 Infinirail, Diamond fastener
39 Bracing, Steel I beam, 200*200 mm

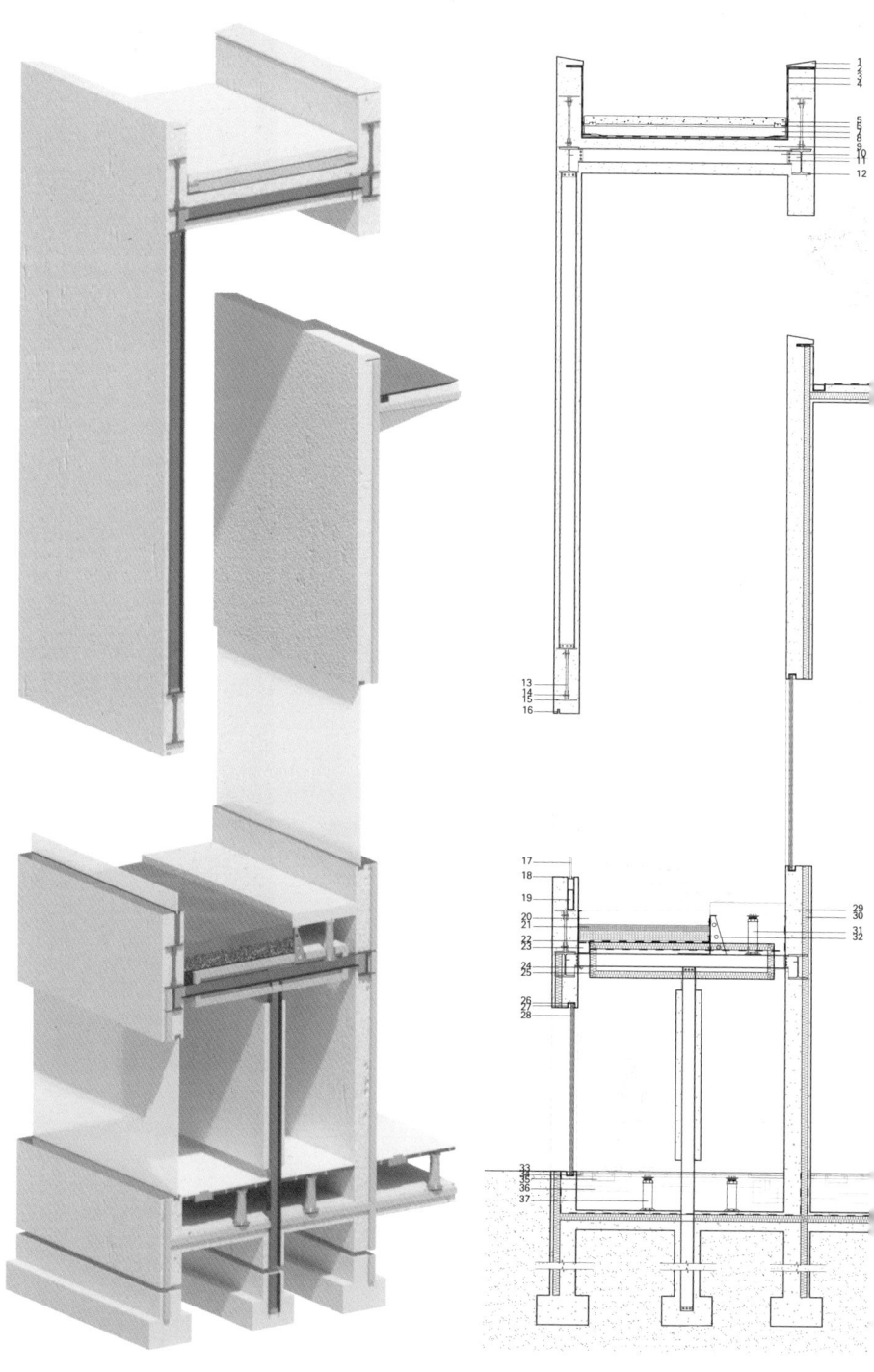

Concrete

이 주택은 빛의 변화와 계절의 흐름에 따라 다양한 풍경을 감상할 수 있도록 설계되었다. 초록 언덕이 보이는 곳에 위치하며, 30m 길이의 개구부(Ribbon Open Cut)를 통해 외부 풍경을 내부로 끌어들였다. 철골과 철근콘크리트를 결합한 구조로 얇고 긴 개구부를 구현하여 사적 영역에서도 외부 풍경을 경험하도록 의도했으며, 거주자가 일시적이나마 자연에 몰입할 수 있는 환경을 제공한다.

건축 골조는 철골 트러스와 철근콘크리트를 결합한 형태로, 건물 상단과 30m 개구부 사이를 철골 가새(Steel Bracing)로 연결하고 콘크리트로 마감하여 구조를 숨기도록 계획했다. 이 개구부는 비현실적으로 긴 파노라마 전망을 주거 공간으로 끌어들여 세상 어디에도 없는 새로운 풍경을 가진 집으로 만들어 준다. 아울러 외장은 2% 산화피막 처리된 티타늄 함유 노출 콘크리트를 적용해 밝고 깨끗한 표면을 구현했다. 이 구법을 통해 표면의 빛 반사가 높아져 해 질 녘에는 석양이 물드는 입면으로 외부에서도 강렬한 시각적 감흥을 느끼도록 설계되었다.

13 Parallel chord truss, 800 mm deep 1500 mm
14 Anchor bolts in truss beam, 50 mm dia.
15 Steel L-beam each side, 150*150 mm

26 Packing peaces
27 Sash window frame
28 Double glazed toughened glass, 6 mm each
29 2% Zinc oxide added concrete, 420 mm

30 Thermal Insulation, 100 mm
39 Bracing, Steel I beam, 200*200 mm

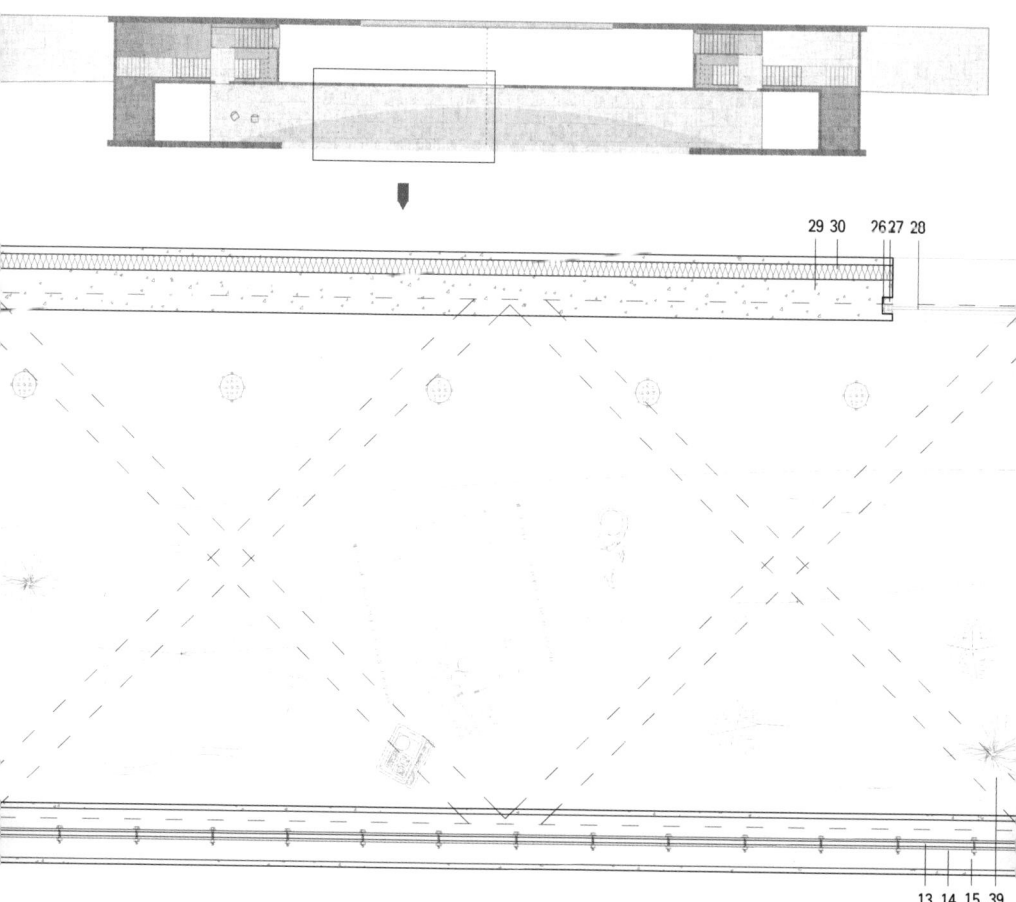

Concrete

Concrete

Curved concrete slab

휘어진 공간과 빛의 경험
Static and dynamic spaces maximized by curved slab

남향은 시간에 따라 변화하는 빛으로 인해 독서와 같은 집중 활동에 부적합할 수 있으며, 북향은 직사광선이 들지 않아 공간에 활기를 불어넣기 어려운 한계가 있다. 본 프로젝트는 휘어진 슬라브를 활용하여 자연광의 영향을 공간의 기능에 따라 조화롭게 분배하는 설계를 제안했다.
북향으로 열린 슬라브 구조는 자연광의 영향을 최소화하고, 균질한 빛 환경을 제공하여 독서나 업무 집중에 적합한 정적 공간(Static Space)을 형성한다. 반면, 남향으로 열린 구조는 다양한 빛의 변화를 담아내어 로비(Lobby)나 카페(Café)처럼 사람 간의 소통을 촉진하는 동적 공간(Dynamic Space)으로 계획했다.

슬라브의 형태를 그대로 드러내면서 바닥(Floor)과 천장(Ceiling) 사이의 공간감을 극대화하기 위해, 설비와 구조를 통합한 '일체형 기둥 시스템(All in Column System)'을 제안했다.
각 기둥에는 조명, 전기배선, 스프링클러 등이 통합되어 설비와 구조가 하나로 결합되었으며, 슬라브 사이에서는 재료만 온전히 드러나도록 설계하여 순수한 공간감을 강조했다. 수직 기둥 끝에 설치된 조명은 구조물 사이의 경계를 빛으로 대체해, 마치 천장이 떠 있는 듯한 독특한 공간적 경험을 제공한다.
더불어, 여러 기둥에는 자연 대류 현상을 활용한 환기 설비가 결합되어, 각 기둥이 굴뚝 역할을 수행함으로써 내부와 외부의 공기가 자연스럽게 순환된다. 이러한 설계는 기계설비의 간섭을 최소화하면서 에너지 효율성을 높여 공간의 쾌적성을 구현한다.

■ Static Space
■ Dynamic Space

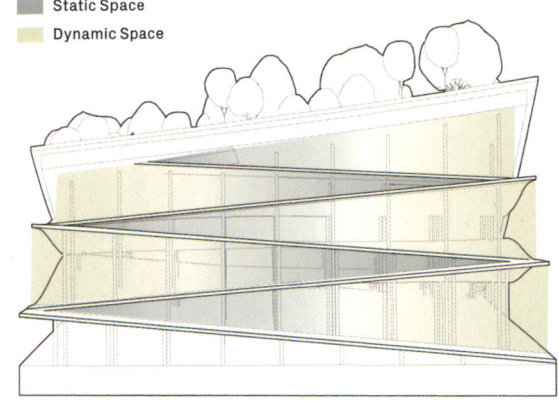

Pre fabricated Curved Concrete Slab

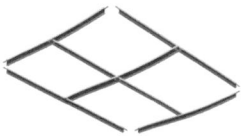

Steel Framework

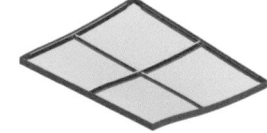

Making Formwork & Wire Mesh

Curved Concrete Curing

Concrete

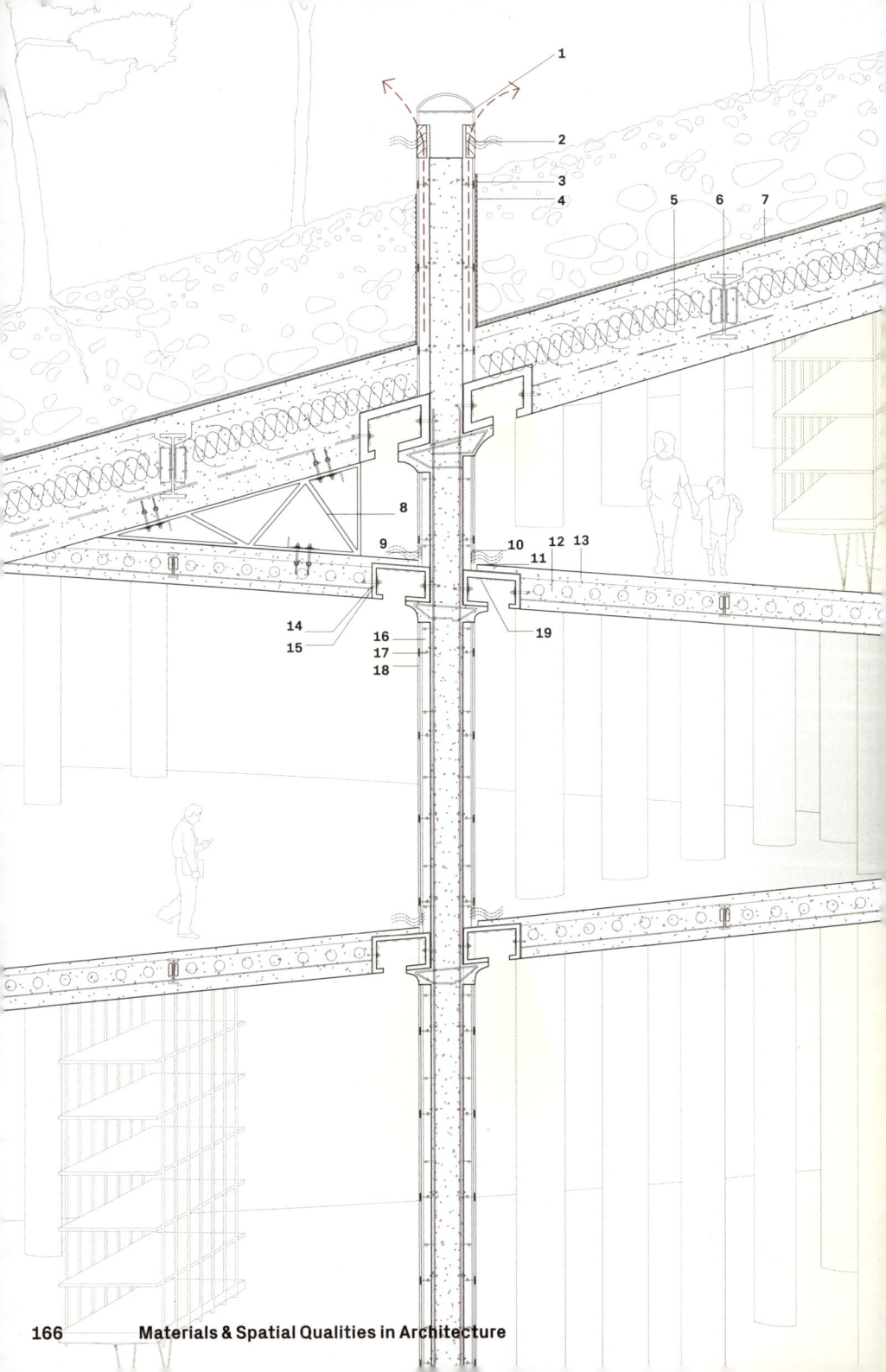

휘어진 슬래브의 옥상은 산책로로
활용된다.

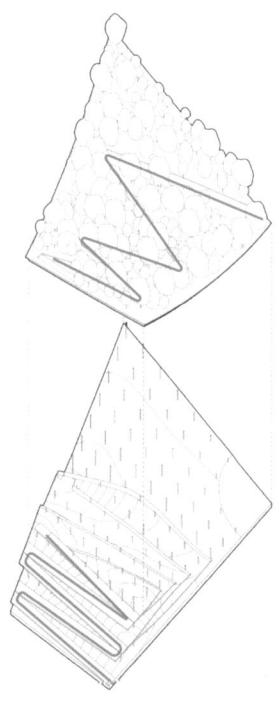

1 LED Lighting - 4,000k
2 Diffuser for natural ventialtion
3 Rubber Gasket to resist
   vibration & noise
4 THK 30 2 layers of water proof
   membrane
5 THK300 Glass wool Insulation
6 Steel Lintel with firerated finish
   750x330
7 Drainage layer
8 Galvanized steel truss structure
   for roof support
9 Diffuser for HVAC
10 THK 3 L-Channel

11 THK 8 L-Channel
12 Structural steel beam 300x125
13 2% Titanium anodized contains
   concrete to get brighter surface
   finish
14 Rubber Gasket to resist
   vibration & noise
15 THK 50 curved C-Channel
16 Natural ventilation Duct
17 Aluminum Anchor joint
18 THK 25 Rounded hairline
   stainless panel finish
19 LED lighting -4,000K

Concrete 167

1 Structural column
2 Lighting packages & Slab supports
3 Air ducts for Natural ventilation (Chimney effect)
4 Textured stainless steel / Rounded finish
5 Electric wire & Power outlet

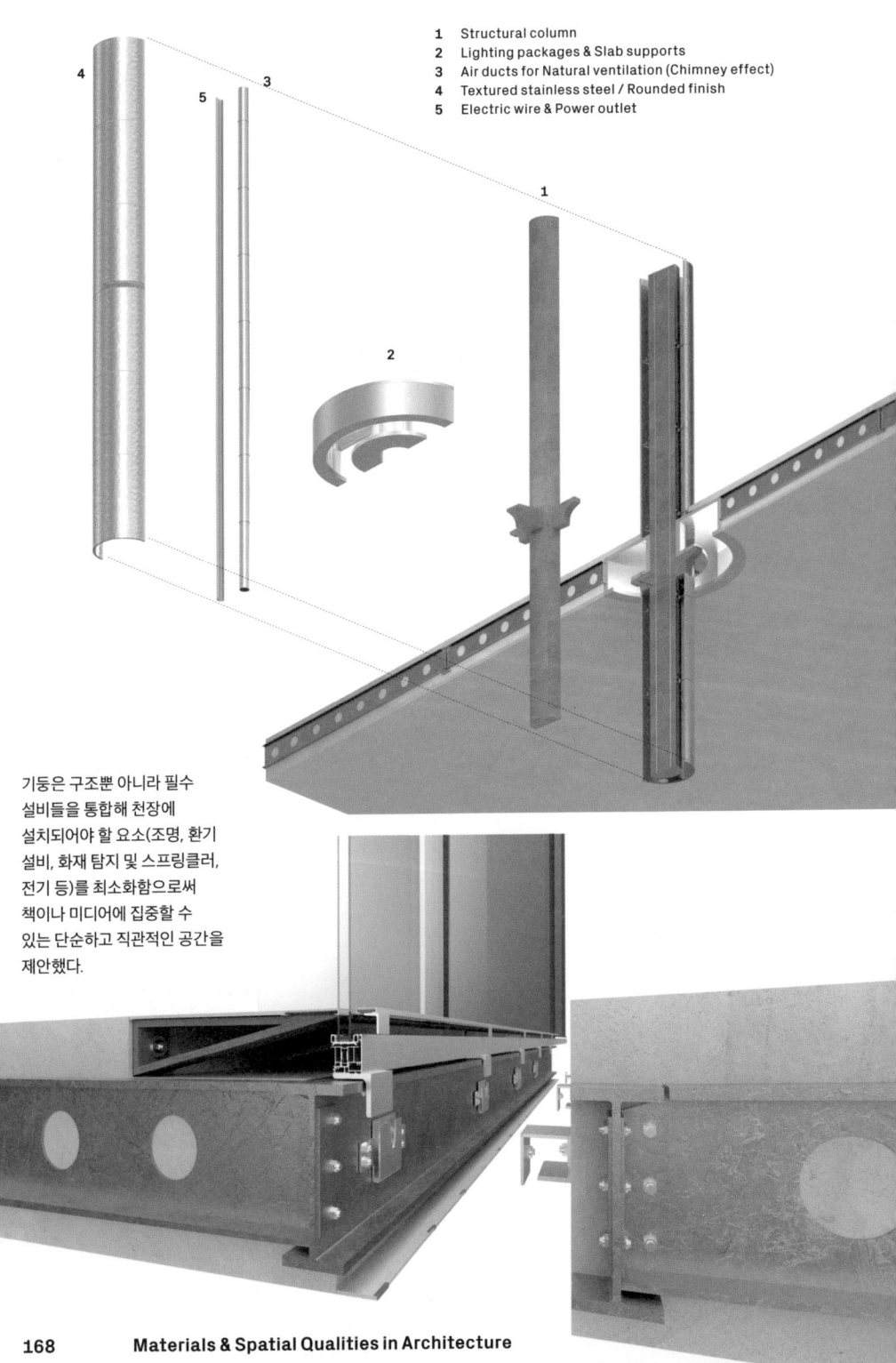

기둥은 구조뿐 아니라 필수 설비들을 통합해 천장에 설치되어야 할 요소(조명, 환기 설비, 화재 탐지 및 스프링클러, 전기 등)를 최소화함으로써 책이나 미디어에 집중할 수 있는 단순하고 직관적인 공간을 제안했다.

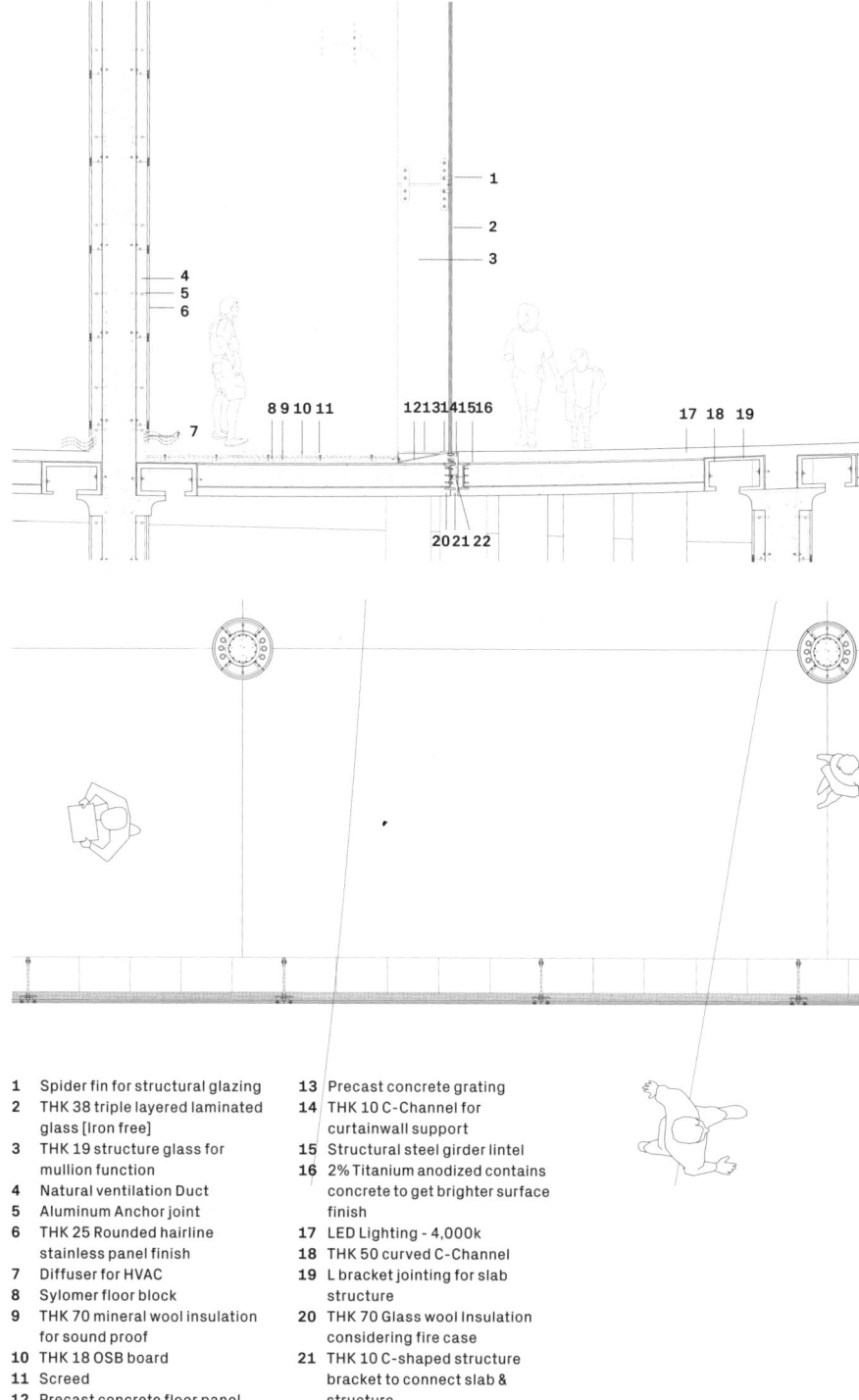

1 Spider fin for structural glazing
2 THK 38 triple layered laminated glass [Iron free]
3 THK 19 structure glass for mullion function
4 Natural ventilation Duct
5 Aluminum Anchor joint
6 THK 25 Rounded hairline stainless panel finish
7 Diffuser for HVAC
8 Sylomer floor block
9 THK 70 mineral wool insulation for sound proof
10 THK 18 OSB board
11 Screed
12 Precast concrete floor panel
13 Precast concrete grating
14 THK 10 C-Channel for curtainwall support
15 Structural steel girder lintel
16 2% Titanium anodized contains concrete to get brighter surface finish
17 LED Lighting - 4,000k
18 THK 50 curved C-Channel
19 L bracket jointing for slab structure
20 THK 70 Glass wool Insulation considering fire case
21 THK 10 C-shaped structure bracket to connect slab & structure

Concrete 169

책을 보는 행위에 집중할
수 있도록 재료와 구조만
드러나도록 계획되었다.

Corrugated glass

빛의 반사로 석양을 담은 입면
Sunset reflected on corrugated glass façades

1 Insulation
2 Aluminum Panel
3 Window Frame
4 Motor
5 150 x 400 Wood Column
6 6x21 Oval Fastening Pin
7 Strap Latches
8 Steel Ventilation Grill
9 Connection I type Steel
10 Rail Frame
11 Rail Pulley
12 Steel fixation hinge
13 Glazed Corrugated
14 GlassWooden Frame

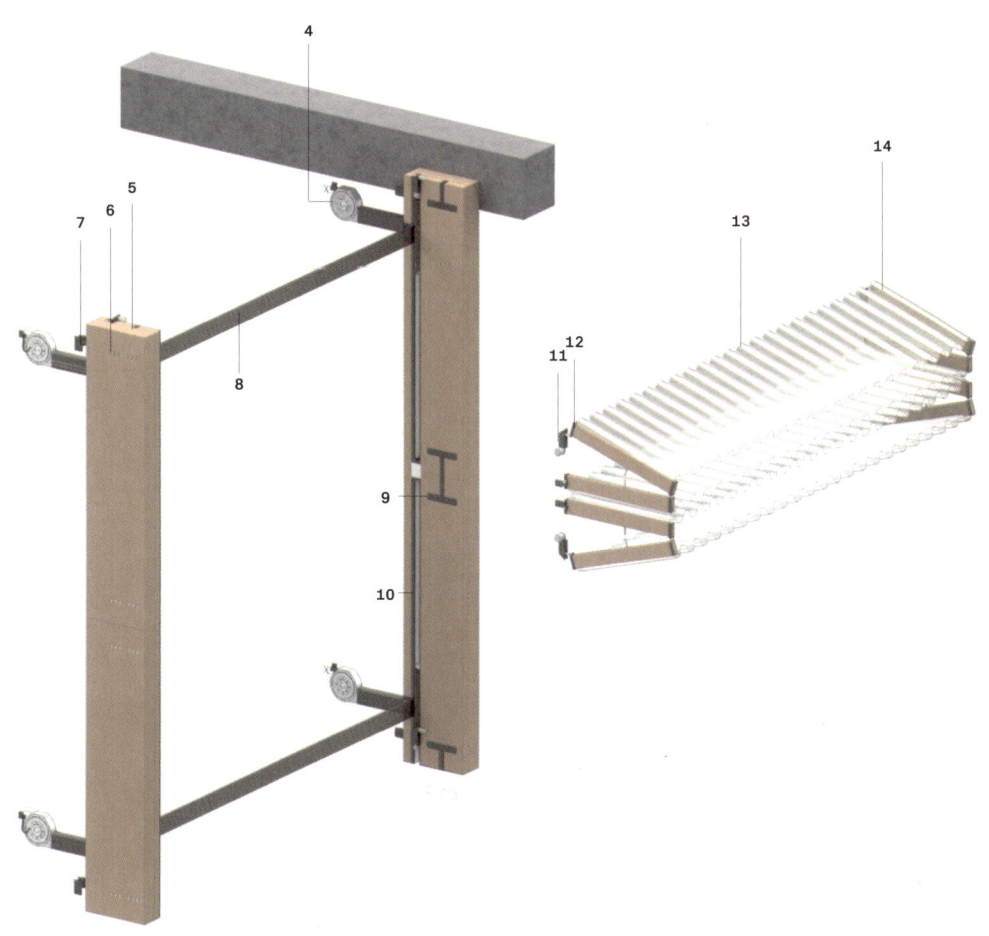

서향을 향한 빌딩 입면은 해 질 녘 석양과 함께 가장 돋보이는 순간을 만든다. 외부에서는 석양을 반사하여 시민들에게 도심 속 방향성(Orientation)을 제공하며, 지역의 랜드마크로 기능한다.
이 설계는 55년 된 붉은 벽돌 입면 전체를 굴곡진 유리(Corrugated Glass) 파사드로 감싸, 새로운 도시 풍경을 제안한다. 기존 벽돌 입면과 대조되는 빛 반사를 가지는 입면은 낡은 빌딩으로 둘러싸인 구 도심 속에서 하나의 오브제로 작용하며, 공간적 가치(Spatial Qualities)를 갖는다.

굴곡진 형태의 불투명 유리는 내·외부 사용자 간 실루엣 형태의 시각적 연결을 제공하면서 빛을 들이는 동시에 프라이버시는 보호하는 역할을 한다.

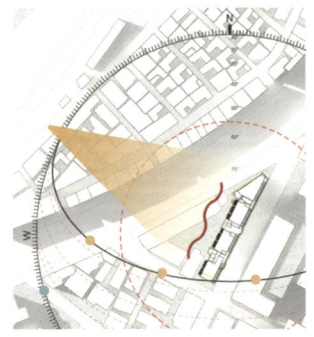

Glass

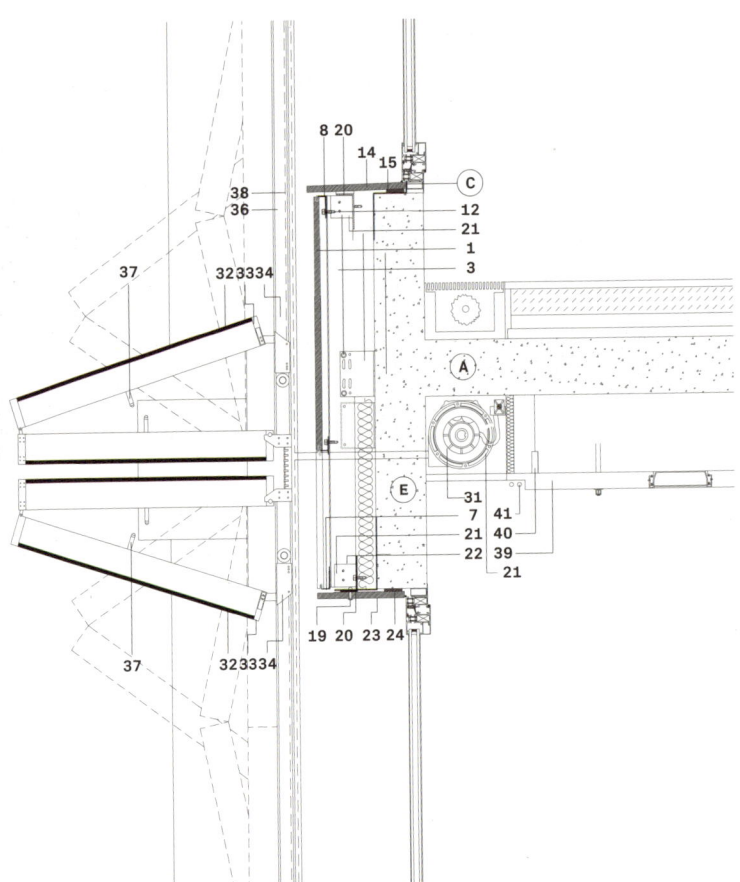

유리를 잡고있는 파사드 폴딩 프레임(Façades folding frame) 구조

1	Motor	24	Transom caulking
3	Strap Latches	31	Rotary motor
7	Horizontal Rebar, Mortar	32	Glass tile
8	Calking	33	External shading frame
12	Thk9.5 Gypsum Board	34	Teflon pulley
14	T5 Light	35	External shading rotation
15	Steel Plate For Reflection	36	Sliding guide
19	Rivet	37	Dampening stopper
20	Bracket support	38	Wire
21	Square for upright & bracket	39	Gypsum board
22	Screw for bracket & anchor	40	Galvanized sheet anchor
23	Wood façade lintel	41	Cove lighting

1	Motor	11	Thk9.5 Osb Plywood
2	Stainless steel piece screw	12	Thk9.5 Gypsum Board
3	Strap Latches	13	Putty And White Paint
4	Glass Block Frame	14	T5 Light
5	Vertical Rebar	15	Steel Plate For Reflection
6	190x190x94 Glass Block	16	Al Corner Bead
7	Horizontal Rebar, Mortar	17	200x200 H Steel Girder
8	Calking	18	Thk0.8 Speed Deck Zink Sheet
9	Thk9.5 Osb Plywood	19	Speed Deck Lattice
10	Steel Stud		

**3D Structural Detail -
Folding Glass Façades Assemblies**

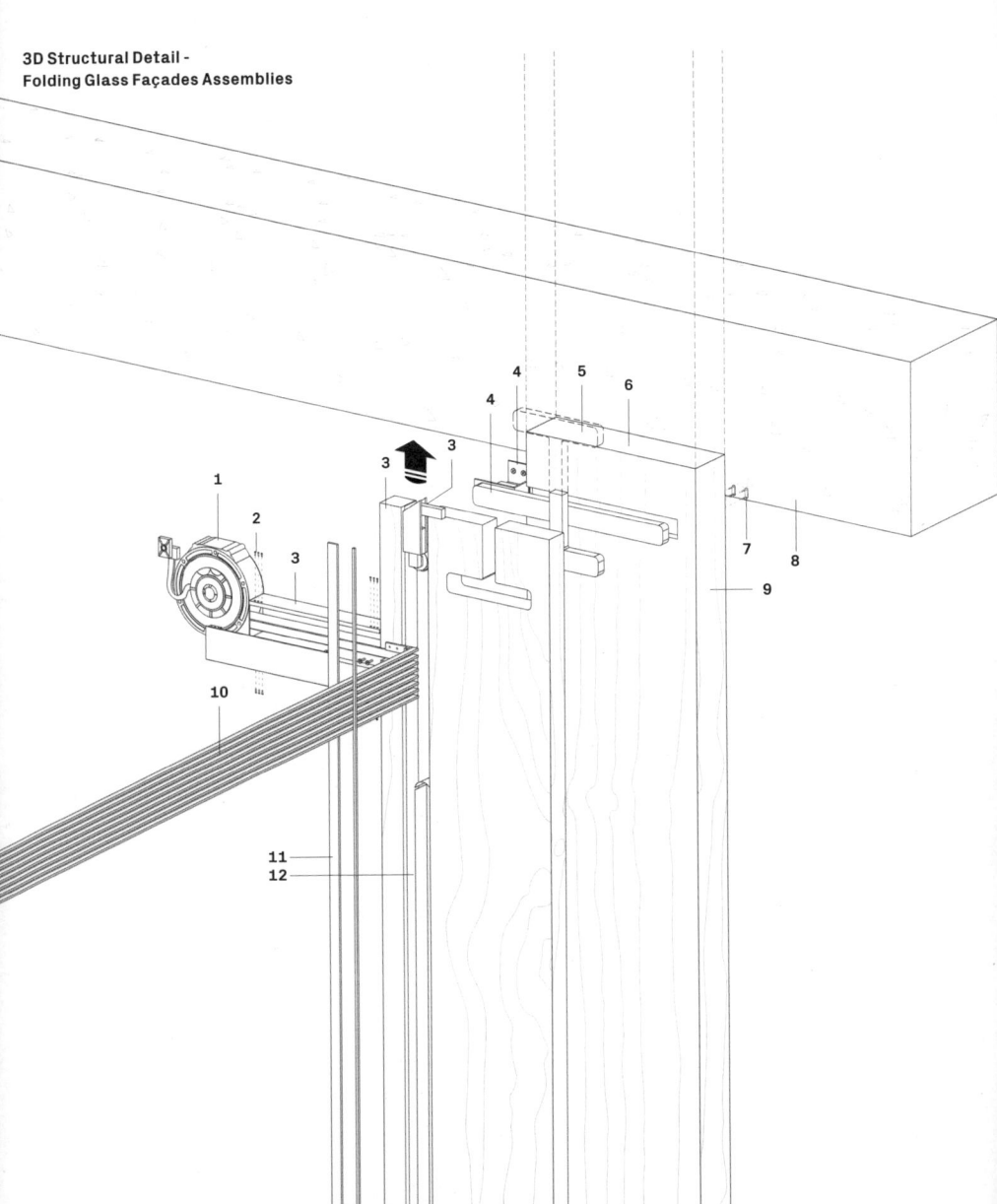

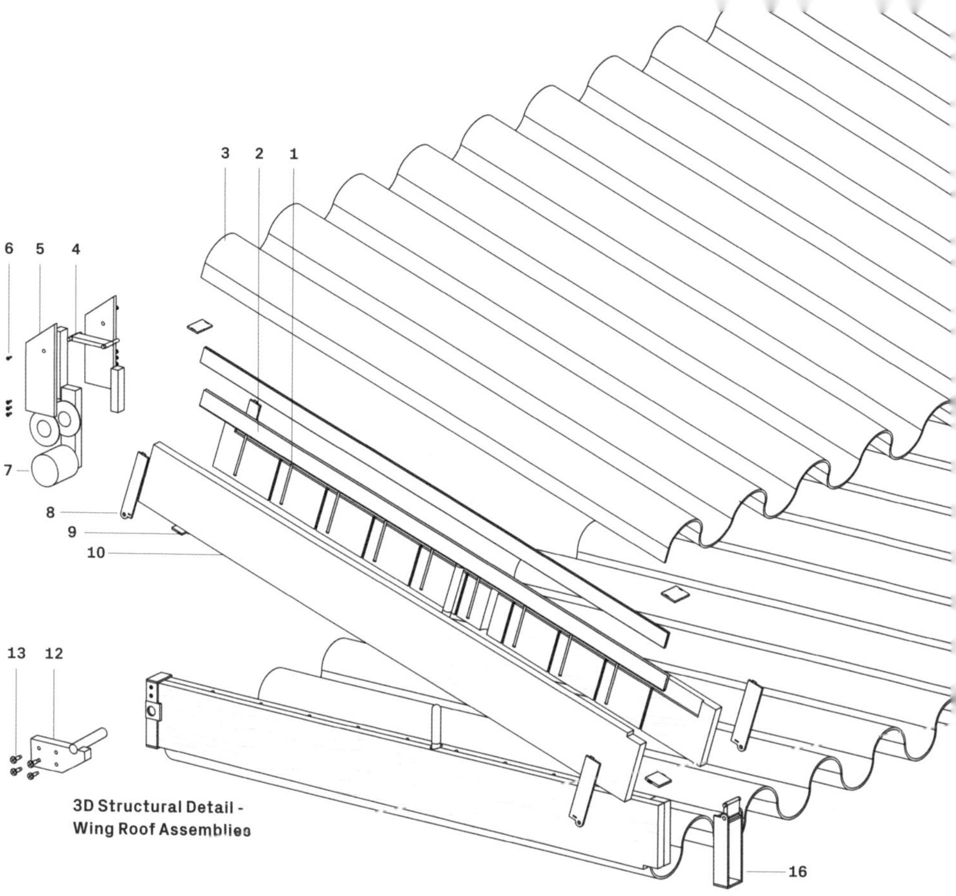

3D Structural Detail - Wing Roof Assemblies

Wing Roof Assembly Horizontal Section

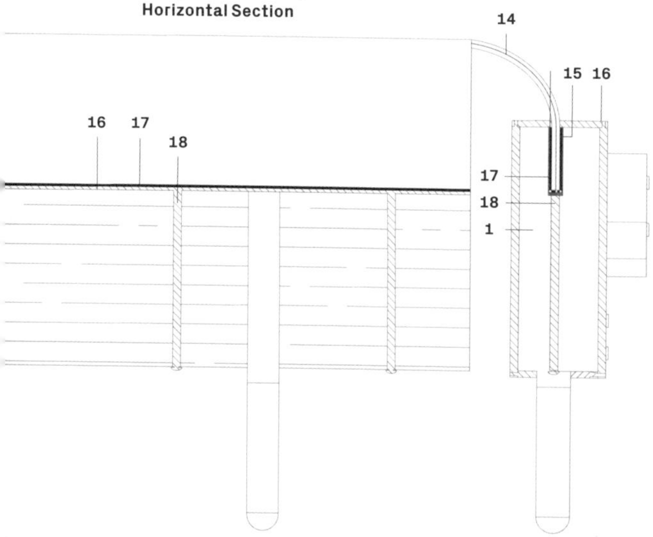

1. 12.5x70 Soild Cherry Wood
2. Roof Clamping Device
3. Glazed corrugated glass
4. T shaped Hinge
5. Vertical Rebar
6. 190x190x94 Glass Block
7. Horizontal Rebar, Mortar
8. Calking
9. Thk9.5 Osb Plywood
10. Steel Stud
11. Thk9.5 Osb Plywood
12. Thk9.5 Gypsum Board
13. Putty And White Paint
14. Glazed corrugated glass
15. Stainless steel clooing plate
16. Stainles steel edge protection
17. Structural Silicone DC993
18. Stainless Steel Cooling Bar

Glass 181

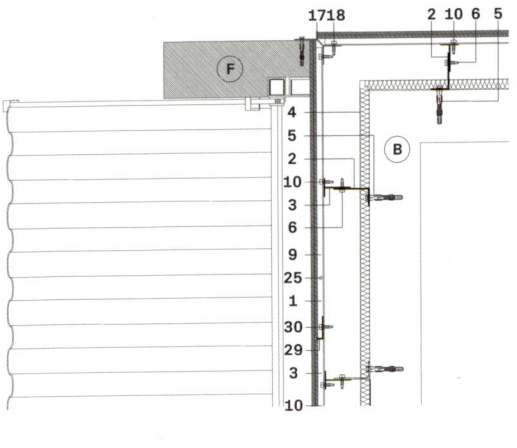

A	Concrete structure
B	Basic enclosure
C	Liquid waterproof
D	woodworking
E	Lintel waterproof
F	Window frame waterproofing
G	Roof parapet waterproofing
H	Boot waterproof

1. Wood façade panels
2. Slab & facade connector
3. Vertical connector
4. Insulation
5. Slab & base anchor
6. Self-tapping screws
7. U-shaped boot profile
8. Inverted U-boot profile
9. Continuous guide profile
10. Screw for guide to stud
11. Screw for anchor to profile
12. Screw for inverted starter
13. Anchor for inverted starter
14. Waterproof wood gutter
15. Watertight caulking
16. Glue for corner & guide
17. Y-shaped corner finish
18. Screw for guide & corner
19. Rivet
20. Bracket support
21. Square for upright & bracket
22. Screw for bracket & anchor
23. Wood façade lintel
24. Transom caulking
25. Water outlet
26. Wood façade mochet
27. Metal flashing
28. Elastic coping adhesion
29. Fixing bracket
30. Screw for lock & guide
31. Rotary motor
32. Glass tile
33. External shading frame
34. Teflon pulley
35. External shading rotation
36. Sliding guide
37. Dampening stopper
38. Wire
39. Gypsum board
40. Galvanized sheet anchor
41. Cove lighting

Materials & Spatial Qualities in Architecture

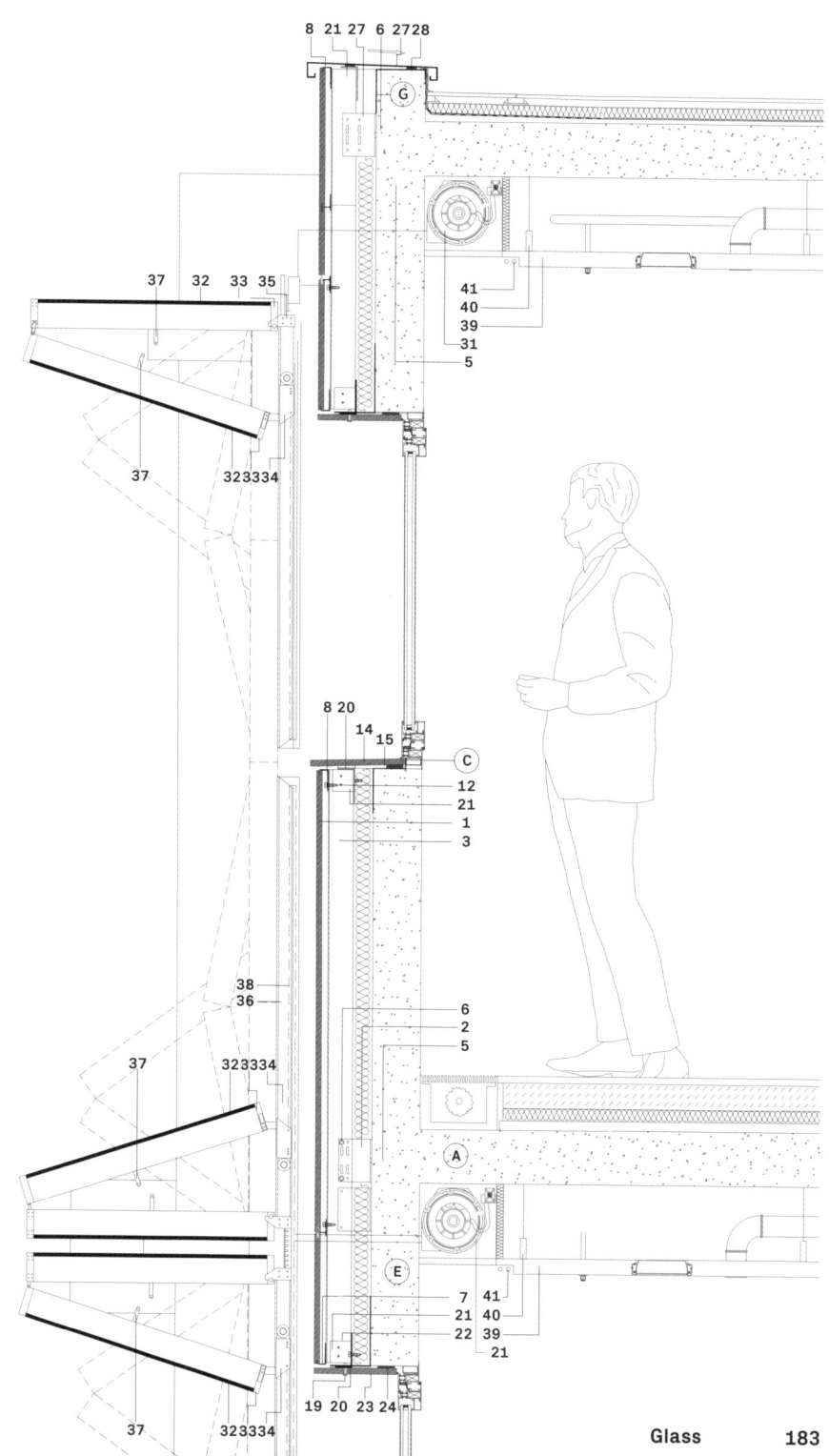

| Double-skin Glass façades

소리에 집중하는 공간
Sound insulation by double skin structure

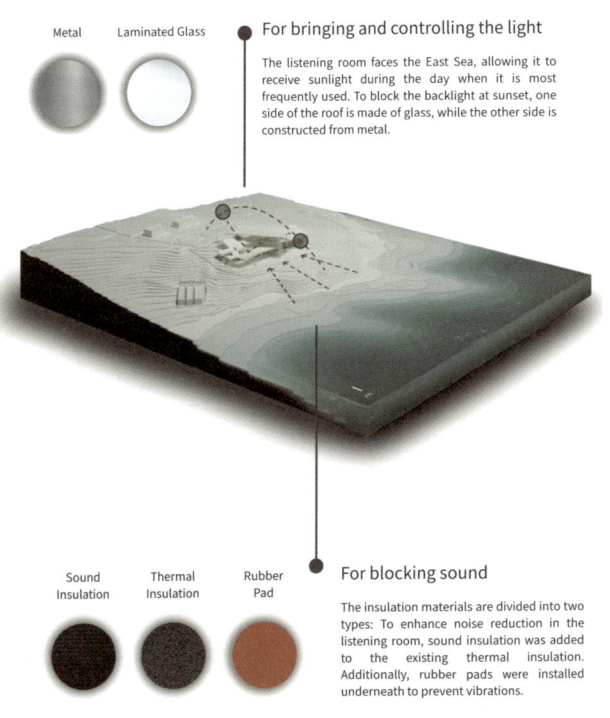

Metal　Laminated Glass

For bringing and controlling the light

The listening room faces the East Sea, allowing it to receive sunlight during the day when it is most frequently used. To block the backlight at sunset, one side of the roof is made of glass, while the other side is constructed from metal.

Sound Insulation　Thermal Insulation　Rubber Pad

For blocking sound

The insulation materials are divided into two types: To enhance noise reduction in the listening room, sound insulation was added to the existing thermal insulation. Additionally, rubber pads were installed underneath to prevent vibrations.

빛과 소리를 제어하기 위한 재료로 메탈과 유리, 차음재와 단열재 그리고 고무 씰링재를 활용해 바닷가 앞의 풍경은 들이고 소리는 차단해 음악에 집중하는 공간을 의도했다.

이 프로젝트는 소리에 몰입할 수 있는 특별한 공간을 제안한다. 해변도로를 앞에 두고 바다와 하늘이 보이는 이 빌딩은 이중 유리 외피(Double-Skin Structure)를 통해 외부 소음을 완벽히 차단하며, 실내를 소리에만 집중할 수 있는 차음 공간으로 만든다.

이중 외피의 주요 재료인 저철분 접합 강화 유리(Iron Free-Laminated Toughened Glass)는 교통 소음, 새 소리, 파도 소리를 걸러내고, 푸른 하늘과 파도만 선명히 보여주는 환경을 제공한다.

11m 높이의 실내는 유리로 된 박공 천장과 벽, 콘크리트 기둥과 바닥으로 구성되며, 소리를 반사해 울림을 만들어내는 공간이다. 화이트 톤의 바닥재와 티타늄(Titanium) 산화물(3%)이 첨가된 백색 콘크리트(White Concrete) 기둥은 빛을 반사하며, 심플하고 밝은 도화지 같은 배경이 된다. 또한, 메탈 루버(Metal Louvre)는 투명한 천장의 빛을 조절하며, 울트라-클리어 유리(Ultra-Clear Glass) 외피는 실내에서도 외부 자연 풍경을 온전히 경험할 수 있도록 설계되었다.

외부 소음을 제거한 공간은 실내 음향기기와 라이브 공연으로 채워지며, 사용자는 오직 소리에 몰입하는 특별한 경험을 누릴 수 있다.

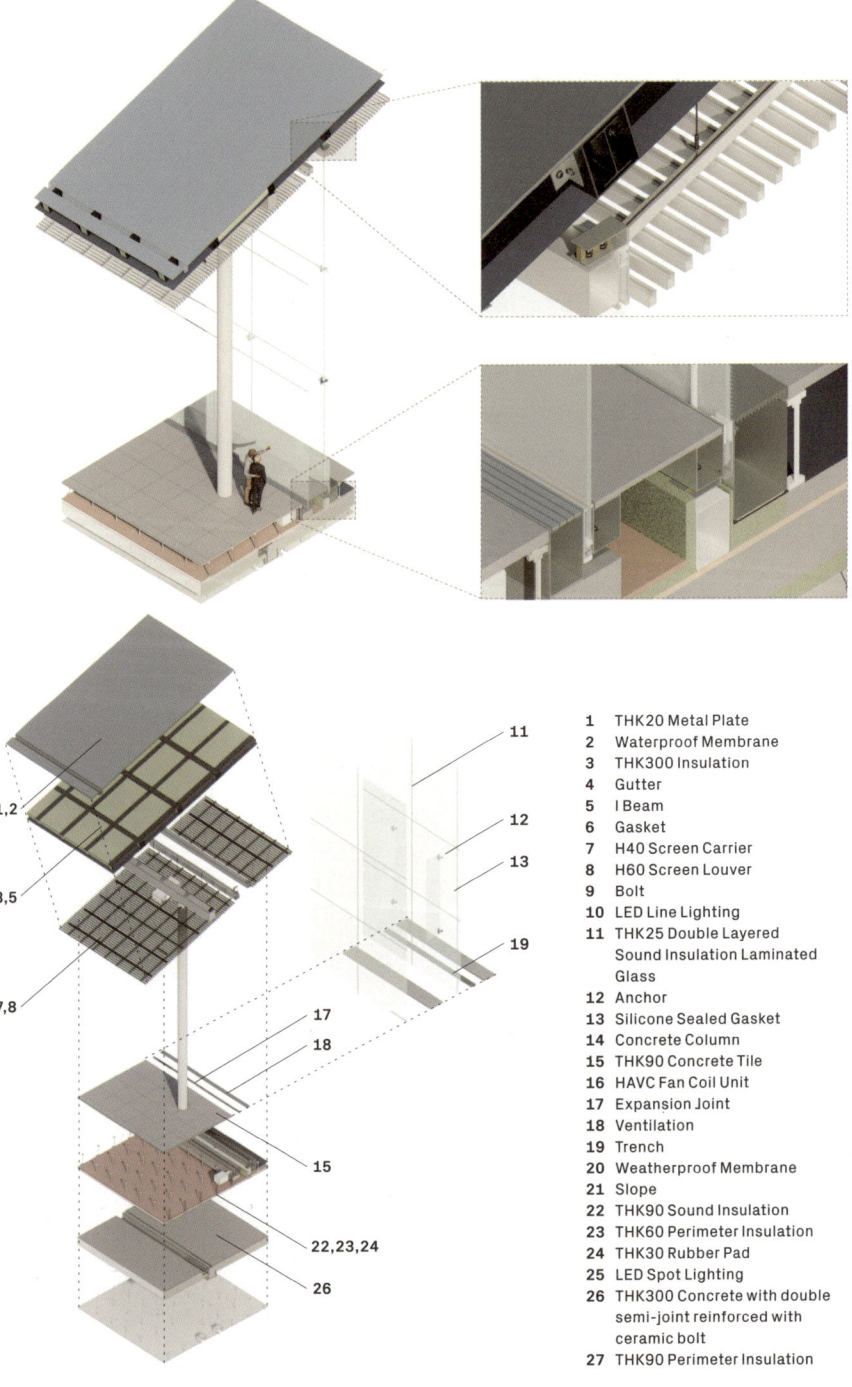

1 THK20 Metal Plate
2 Waterproof Membrane
3 THK300 Insulation
4 Gutter
5 I Beam
6 Gasket
7 H40 Screen Carrier
8 H60 Screen Louver
9 Bolt
10 LED Line Lighting
11 THK25 Double Layered Sound Insulation Laminated Glass
12 Anchor
13 Silicone Sealed Gasket
14 Concrete Column
15 THK90 Concrete Tile
16 HAVC Fan Coil Unit
17 Expansion Joint
18 Ventilation
19 Trench
20 Weatherproof Membrane
21 Slope
22 THK90 Sound Insulation
23 THK60 Perimeter Insulation
24 THK30 Rubber Pad
25 LED Spot Lighting
26 THK300 Concrete with double semi-joint reinforced with ceramic bolt
27 THK90 Perimeter Insulation

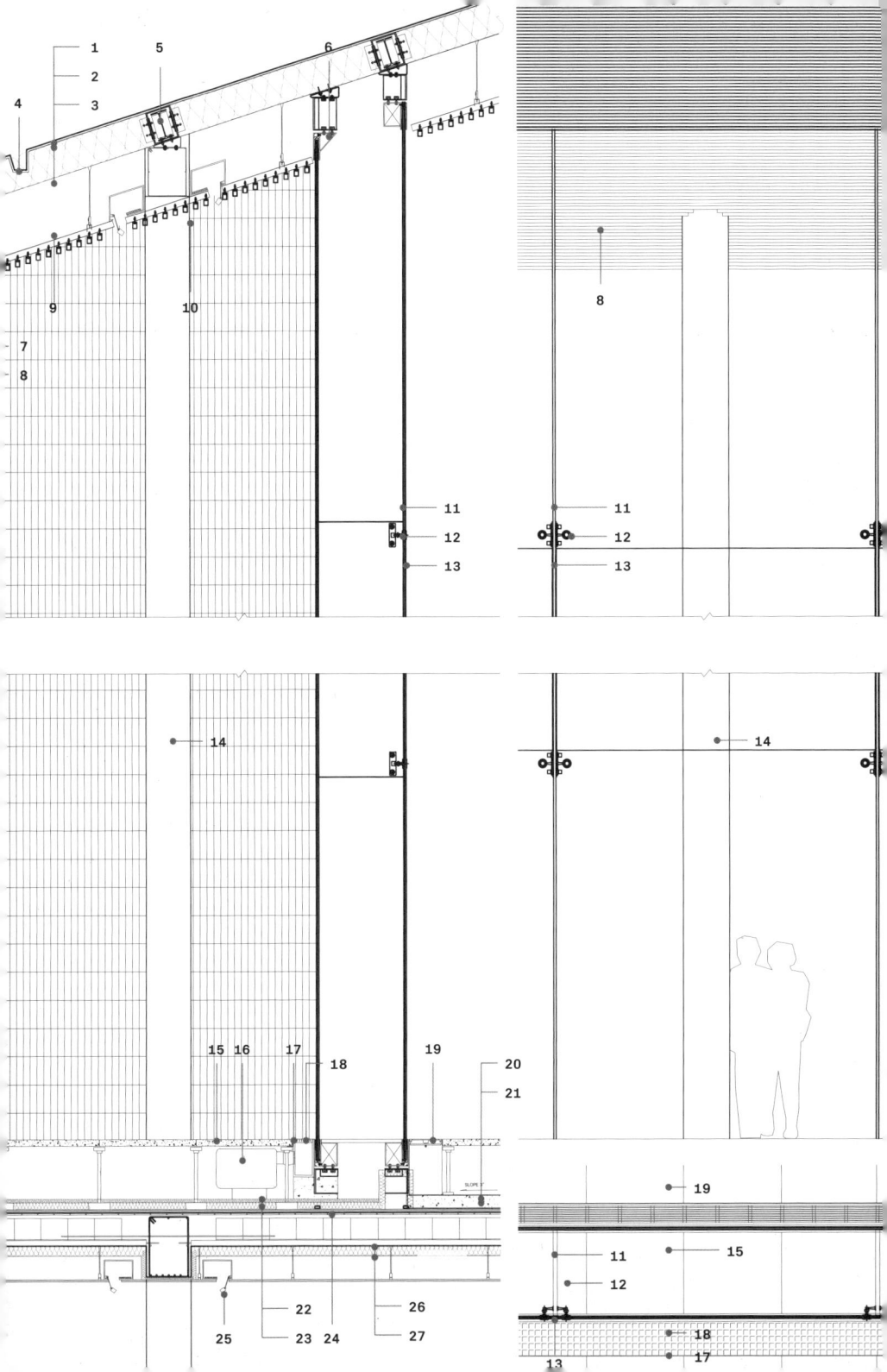

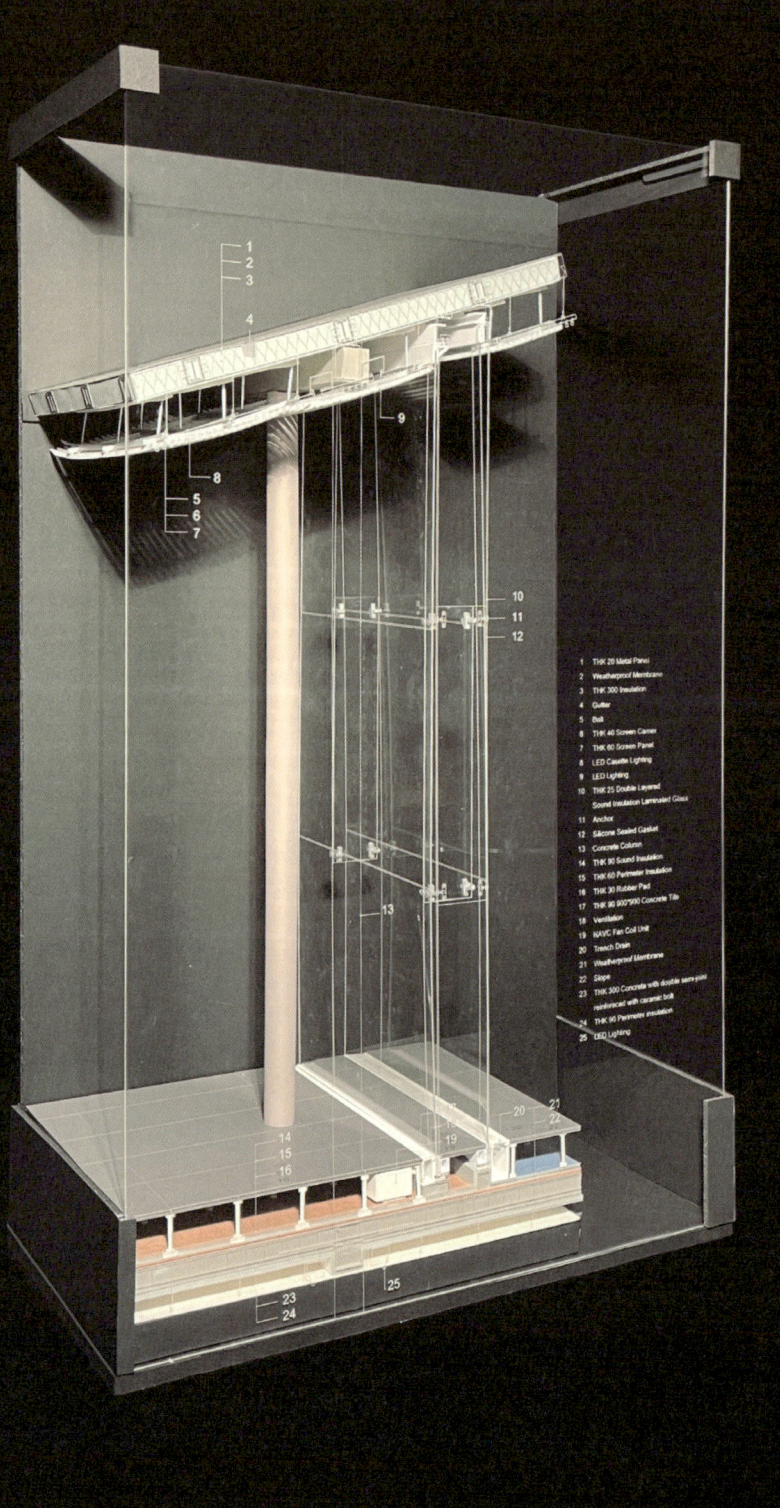

Glass

| Slanted curtain-wall façades

도시의 새로운 풍경을 만드는 기울어진 파사드
Slanted façades for vibrant urban scenery

수직의 질서가 지배적인 도심 속, 사선으로 변화를 준 새로운 풍경을 제안했다. 경사진 유리 입면은 인접 빌딩 간 빛 반사 간섭을 줄이고, 전면 광장과의 시각적 연결성을 강화하여 도심에 새로운 연결성과 흐름을 제공한다. 기울어진 외피 디자인은 수직 빌딩들 사이로 보이는 직사각 형태의 하늘과 자연, 풍경, 그리고 지상에 드리우는 빛과 그림자의 변화를 다르게 보여줌으로써 도시 풍경(Scene)에 생동감을 더한다. 이는 반복적인 도심 구조 속에서 랜드마크로서 기능을 수행하며, 방향성을 인지하게 만드는 오리엔테이션(Orientation) 역할을 한다. 공간의 효율성을 극대화할 수 있는 셀룰러 빔(Cellular Beam)을 적용하여 설비가 거더(Girder)와 빔(Beam)을 관통하도록 설계함으로써, 슬래브와 설비로 이루어진 슬래브 패키지(Slab Package)의 두께를 효과적으로 줄였다. 이를 통해 층간 사용 공간을 더욱 효율적으로 확보했을 뿐 아니라, 유리 외피에 드러나는 스팬드럴(Spandrel)의 두께도 최소화되었다. 이러한 설계는 고층 빌딩 외관에서 반복적으로 나타나는 수평 요소인 슬래브 패키지(Slab Package)를 극단적으로 얇게 만들어 건축물을 보다 투명하고 가벼운 이미지로 만든다.

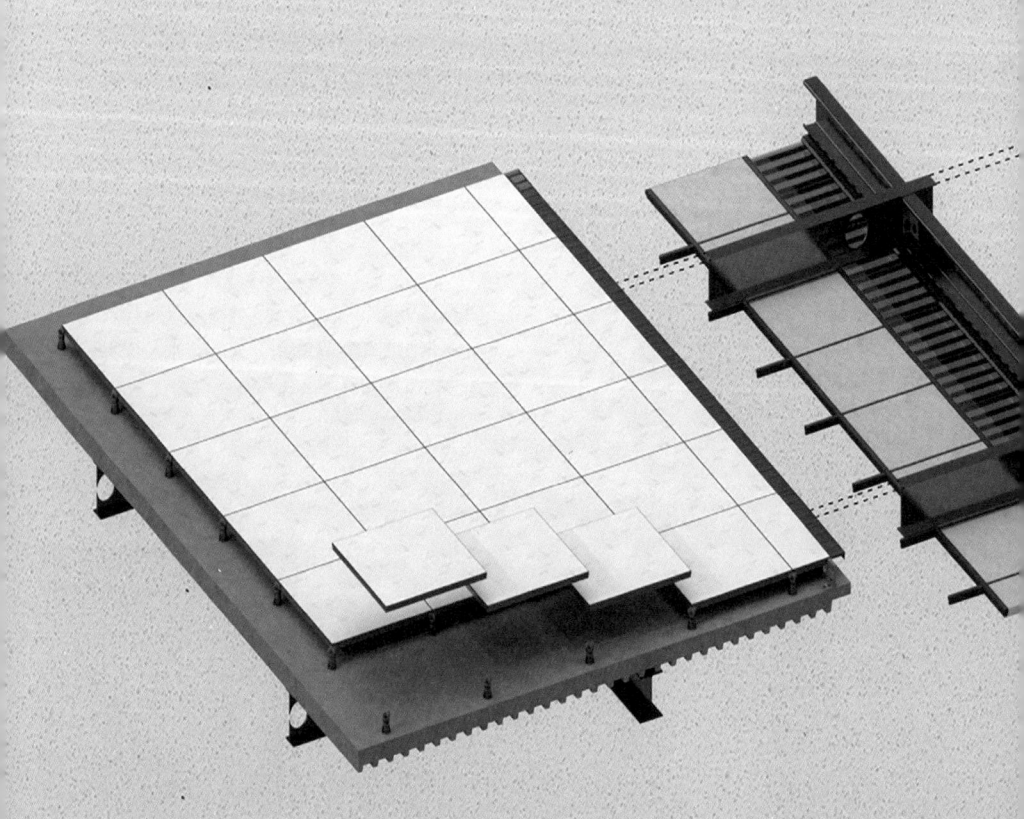

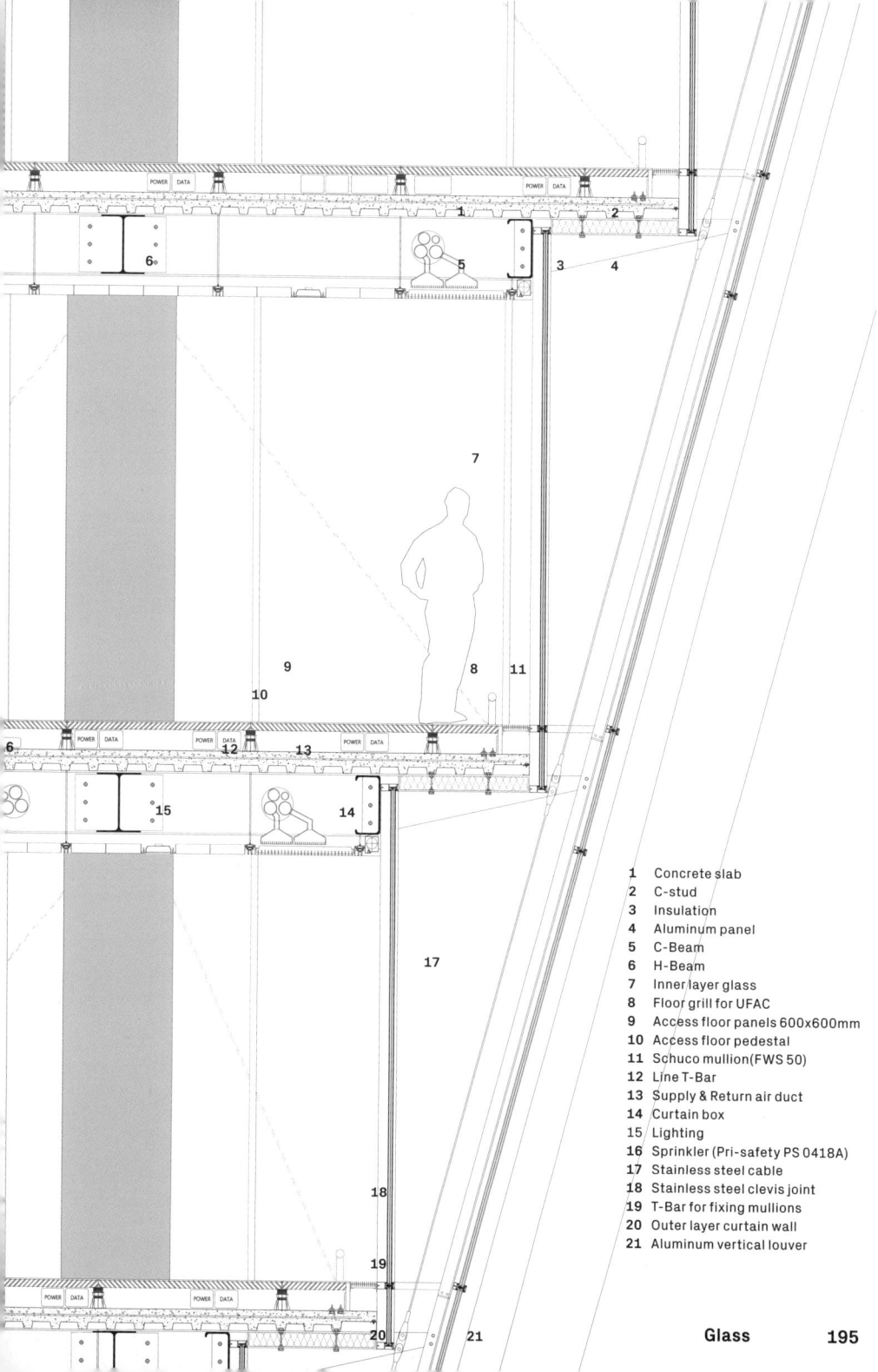

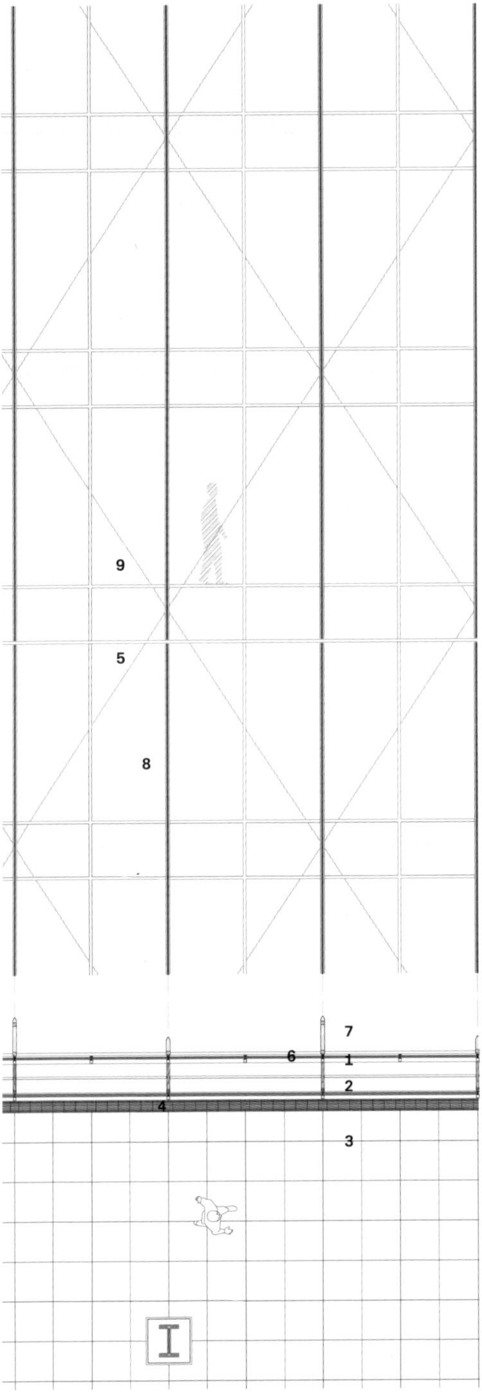

차양을 비롯한 모든 입면 요소가 결합된 모습

1 Inner layer glass filled with argon gas
2 Floor grill for UFAC
3 Access floor panels 600x600mm
4 Schuco mullion(FWS 50)
5 Stainless steel cable
6 T-Bar for fixing mullions
7 Outer layer curtain wall filled with argon gas
8 Aluminum vertical louver
9 Louver support steel frame

수직 차양과 바깥 파사드를 걷어낸 입면

| Iron-Free Glass Façades

선명한 풍경의 공간
Borrowed scenary by crystal clear glass façades

서울의 랜드마크인 인왕산과 북악산을 마주하는 위치에 거주자를 위한 커뮤니티 공간(Community Space)을 제안한다. 이 지역은 역사보존 정책에 따른 고도 제한으로 높지 않은 층에 위치해도 하늘과 인왕산, 북악산의 풍경을 온전히 담는다.
계절마다 변하는 인왕산과 북악산의 풍경은 주민의 만족도를 높이며, 여기서 책을 읽고 차를 마시며 음악을 듣고, 다트 게임과 포켓볼을 즐기는 풍경을 만든다. 겨울에는 공중에 떠 있는 화로를 중심으로 고구마와 감자를 굽고 설경의 인왕산과 북악산을 배경으로 소통하는 공간으로 바뀐다.
이를 위해 설계는 구조의 최소화와 투명성의 극대화를 추구했다. 외피와 실내는 모두 석재와 유리로만 마감했으며, 외벽, 내부, 천장 루버까지 모든 표면은 인왕산 바위를 연상시키는 금모래 빛의 화이트 라임스톤(White Limestone)으로 제안했다.

이러한 디자인은 한 덩어리의 돌을 깎아낸 듯 보임으로써 건축이 주변 환경에서 분리되지 않고 어우러지는 연결성을 의도했다.
코어를 제외한 내벽은 없애고 유리 외벽으로만 공간을 구성하여 네 방향에서 바깥 풍경을 잘 볼 수 있도록 계획했다. 투명성을 극대화하기 위해 철분 함량이 거의 없는 저철분 유리를 적용하고, 외벽으로 기능하는 유리의 강도를 높이기 위해 이중 접합 강화 유리를 사용했다.
이 프로젝트는 보이고, 열리고, 투명한 재료를 통해 차경(Borrowed Scenery)을 구현하며, 사람들이 찾는 공간으로 제안했다.

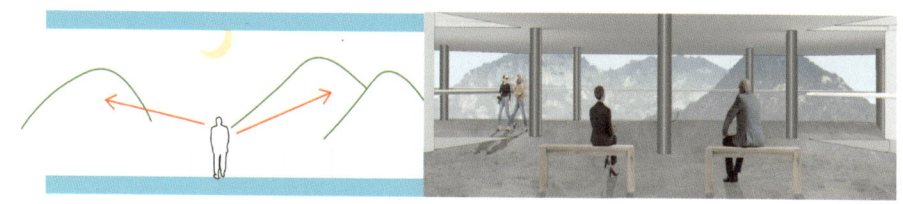

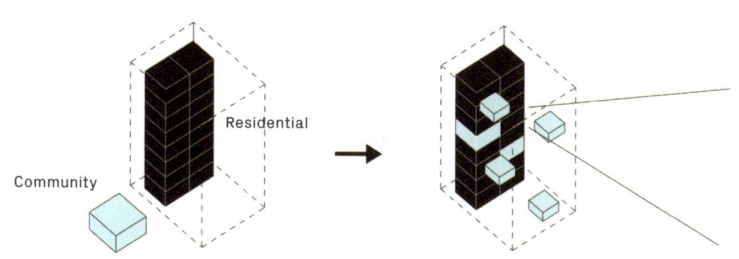

Community · Residential

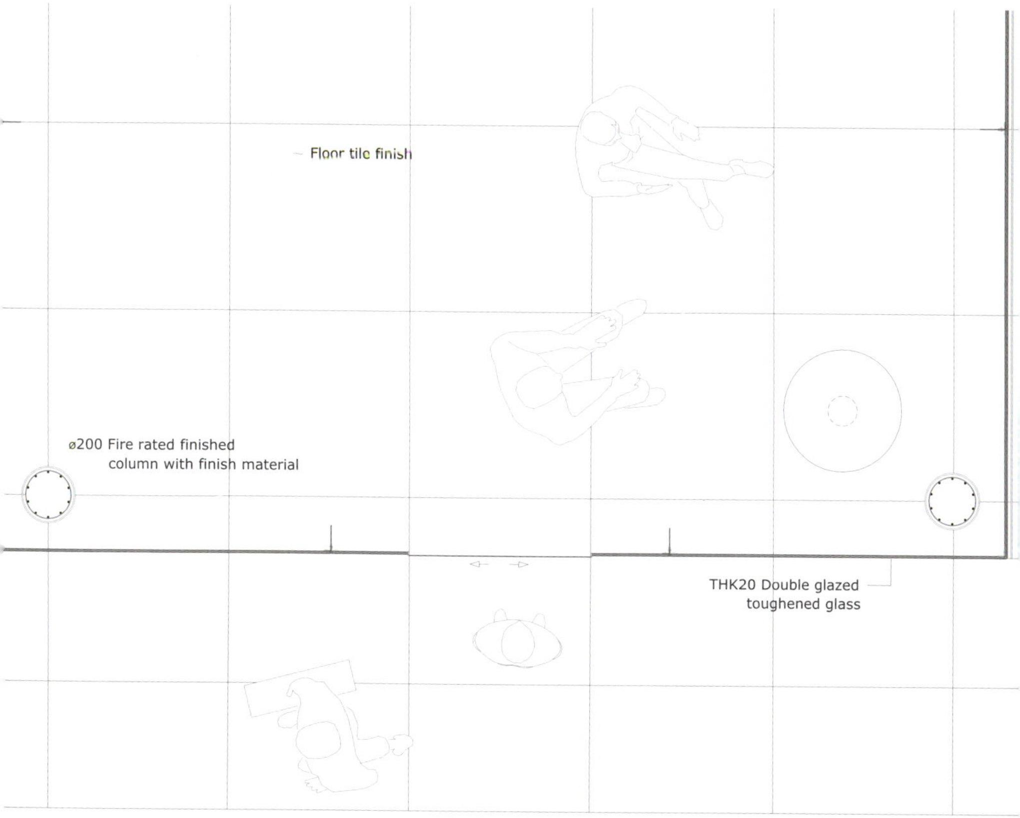

— Floor tile finish

ø200 Fire rated finished column with finish material

THK20 Double glazed toughened glass

Glass

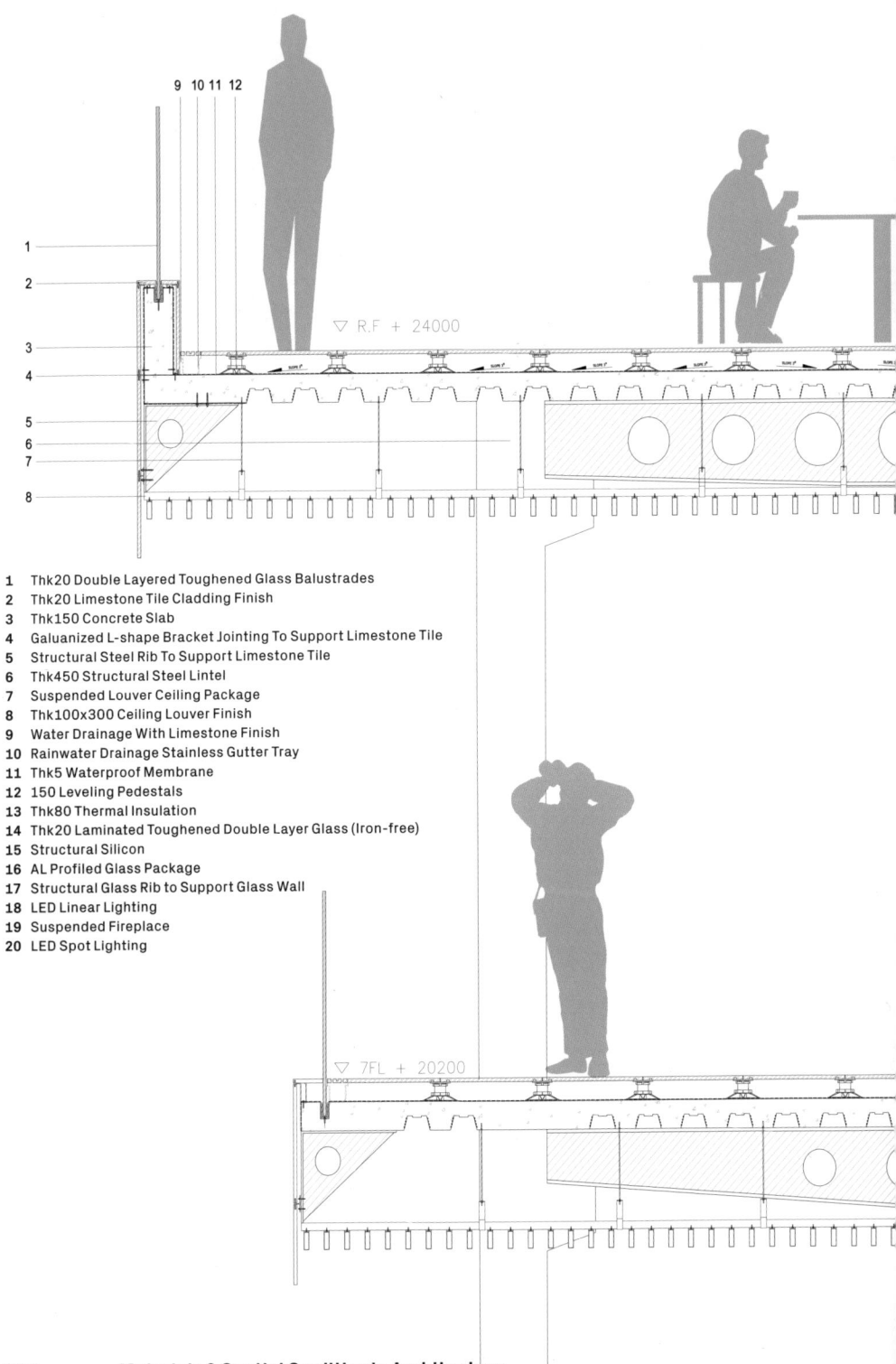

1. Thk20 Double Layered Toughened Glass Balustrades
2. Thk20 Limestone Tile Cladding Finish
3. Thk150 Concrete Slab
4. Galuanized L-shape Bracket Jointing To Support Limestone Tile
5. Structural Steel Rib To Support Limestone Tile
6. Thk450 Structural Steel Lintel
7. Suspended Louver Ceiling Package
8. Thk100x300 Ceiling Louver Finish
9. Water Drainage With Limestone Finish
10. Rainwater Drainage Stainless Gutter Tray
11. Thk5 Waterproof Membrane
12. 150 Leveling Pedestals
13. Thk80 Thermal Insulation
14. Thk20 Laminated Toughened Double Layer Glass (Iron-free)
15. Structural Silicon
16. AL Profiled Glass Package
17. Structural Glass Rib to Support Glass Wall
18. LED Linear Lighting
19. Suspended Fireplace
20. LED Spot Lighting

Materials & Spatial Qualities in Architecture

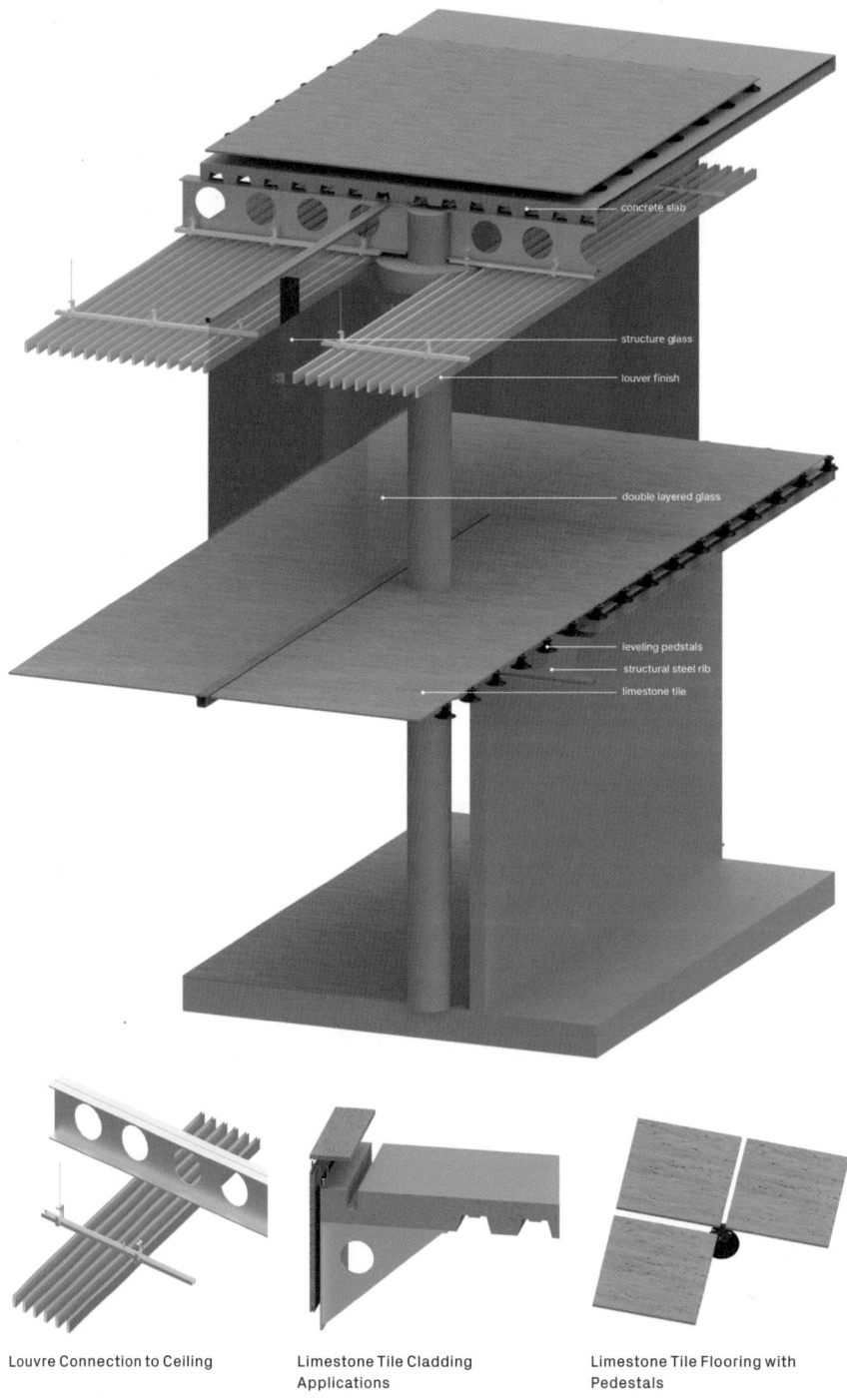

Louvre Connection to Ceiling

Limestone Tile Cladding Applications

Limestone Tile Flooring with Pedestals

1. THK20 do
2. THK20 limestone
3. THK150 concrete
4. galuanized L-shape
5. structural steel rib to support
6. THK450 structural steel
7. suspended louver ceiling package
8. THK100 THK300 ceiling louver
9. water drainage with limestone finish
10. rainwater drainage stainless gutter tray
11. THK5 waterproof membrane
12. THK5 leveling pedestals
13. Ø150 thermal insulation
14. THK80 laminated toughened double layer glass
15. THK20 structural silicon
16. AL profiled glass package
17. structural glass rib to support glass wall
18. LED linear lighting
19. suspended fireplace
20. LED spot lighting

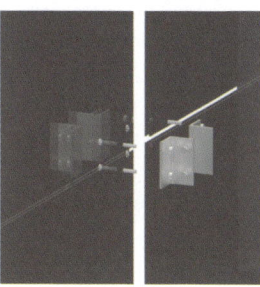

Glass Jointing

Limestone Tile Flooring & Gutter Drainages on the Roof

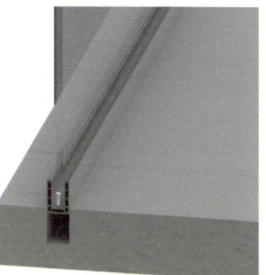

Glass Balustrades Jointing

Glass 203

Glass

PLA

ASHES

Polycarbonate cladding system

조명이 된 도시 속 입면
Urban lanterns glowing with polycarbonate

서소문 아파트는 50년이 넘은 서울의 대표적 슬럼 주거지 중 하나였으나, 주변은 반세기 동안 현대적인 오피스 타운으로 변화하며 시각적 대조를 이룬다. 특히 새로운 건축물과 오래된 건축물의 대비뿐만 아니라, 낮과 밤의 도시 풍경에서도 뚜렷한 차이가 나타나며, 낮에는 활발하지만, 밤이 되면 어둡고 고요한 도시로 변해 사람들이 찾지 않는 환경이 되었다.
이 프로젝트는 새로운 주거 단지를 계획하며 이러한 문제를 해결하고자 했다. 저층부는 로비와 함께 24시간 활성화되는 프로그램(편의점, 스터디 카페 등)으로 채우고, 밤에도 도시 골목을 밝히는 보행 환경을 조성하도록 설계되었다. 외벽은 빛 투과성과 단열성이 뛰어난 폴리카보네이트 패널(Polycarbonate Panels)로 마감하여,

야간에도 사람들이 편의점 앞에서 맥주를 마시거나 산책을 즐기고 늦은 귀갓길에도 안전하게 이동할 수 있는 활기찬 도시 공간으로 만든다.
외피를 유리가 아닌 마이크로 셀 폴리카보네이트 패널(Micro Cell Polycarbonate Panels)로 선택한 이유는 자연광 확산, 내구성 강화, 디자인 유연성이라는 건축적 가치에 부합하기 때문이다. 이 소재는 고밀도 셀 구조를 통해 자연광을 균일하게 확산시키고 충격 및 기후 변화에 강한 내구성과 낮은 열전도율로 뛰어난 단열 성능을 보인다.
이렇게 제안된 입면은 랜턴처럼 도시를 환히 밝히며, 낡은 주거지를 현대적인 모습으로 변모시킨다. 이 설계는 단순히 건축물의 변화를 넘어 도시환경의 재정의를 통해 사람들이 다시 찾는 공간으로 변화시키는 프로젝트다.

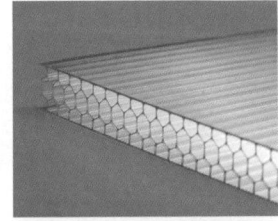
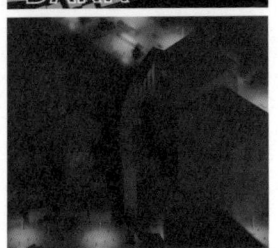

Night Urban Condition - Before   Night Urban Condition - After

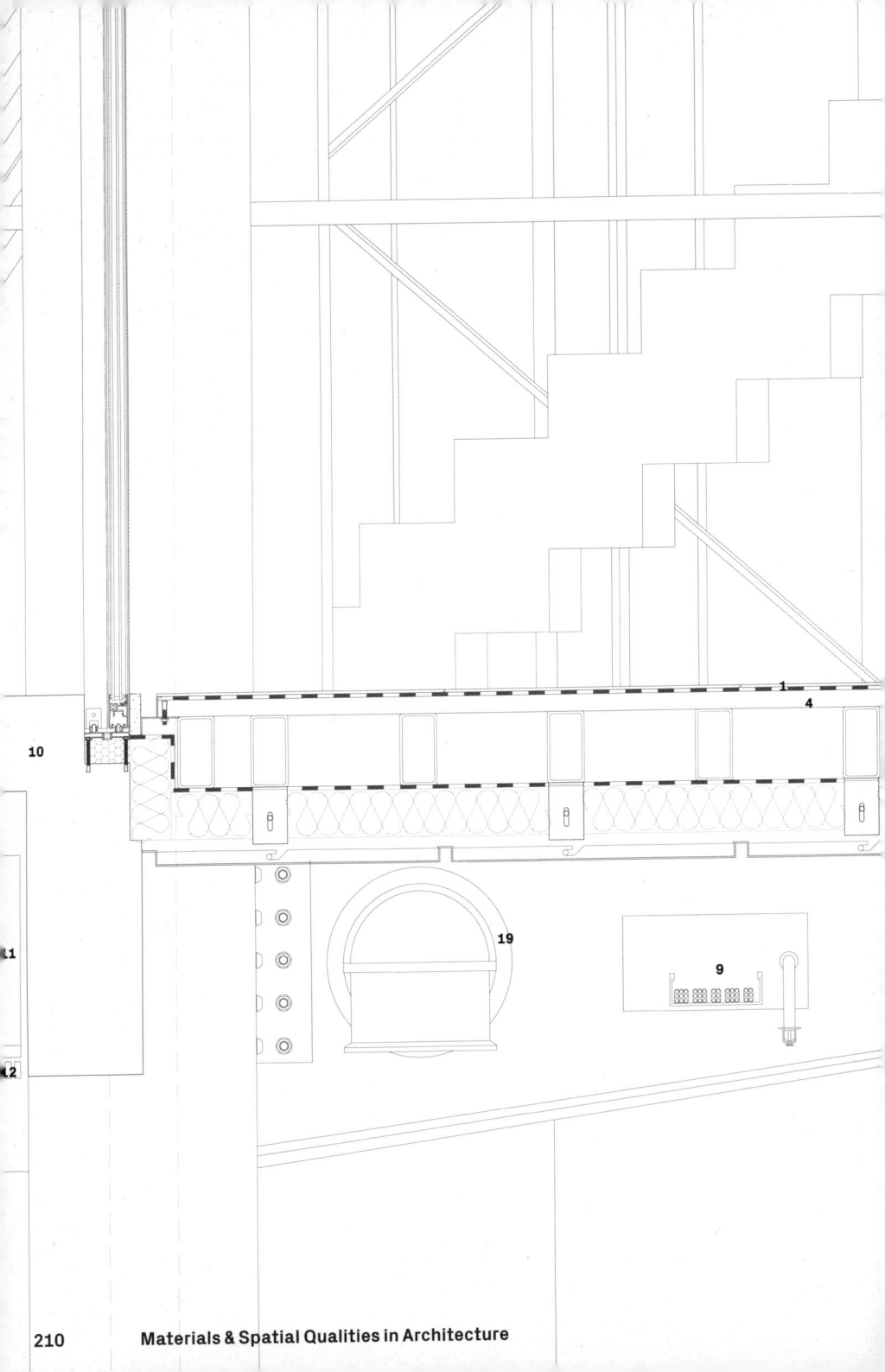

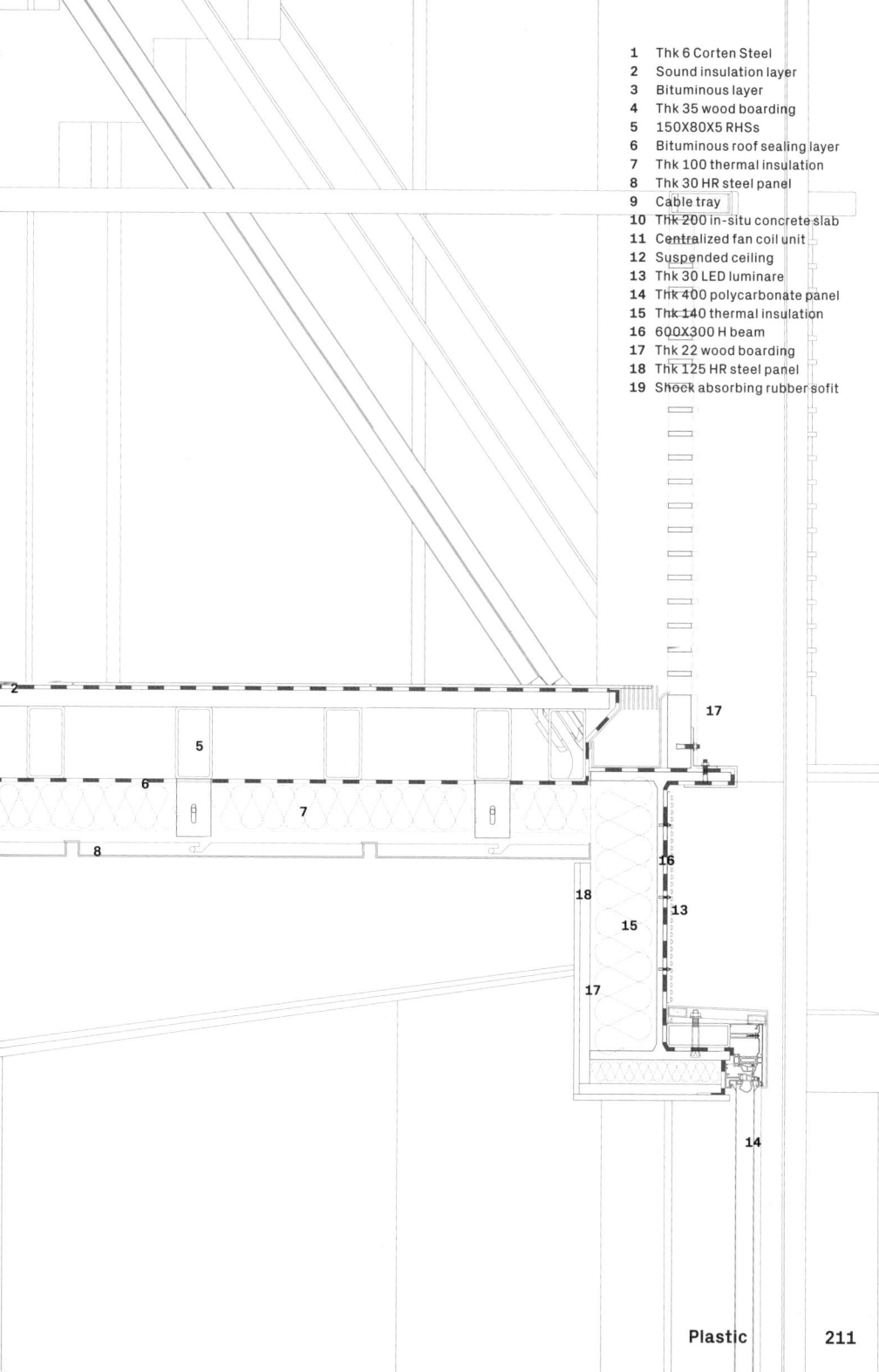

1 Thk 6 Corten Steel
2 Sound insulation layer
3 Bituminous layer
4 Thk 35 wood boarding
5 150X80X5 RHSs
6 Bituminous roof sealing layer
7 Thk 100 thermal insulation
8 Thk 30 HR steel panel
9 Cable tray
10 Thk 200 in-situ concrete slab
11 Centralized fan coil unit
12 Suspended ceiling
13 Thk 30 LED luminare
14 Thk 400 polycarbonate panel
15 Thk 140 thermal insulation
16 600X300 H beam
17 Thk 22 wood boarding
18 Thk 125 HR steel panel
19 Shock absorbing rubber sofit

Plastic

2층 공용 시설

공용 시설은 샤프트와 주거 유닛으로 접근하는 복도 사이에 위치하며 라운지, 짐, 카페 등의 기능을 담고 있다. 외곽은 폴리카보네이트 클래딩으로 마감된다. 이에 시각적 침범은 차단하며 낮에는 주광을 받고 밤에는 실내 조도를 인접 도심과 공유한다.

낮에는 도시의 주광이 아파트를, 밤에는 아파트의 인공광이 도시를 밝혀주는 상보의 관계를 지닌다. 폴리카보네이트 외피는 도시와 아파트 공용부의 시각적인 관계를 유지하는 요소로 작동한다.

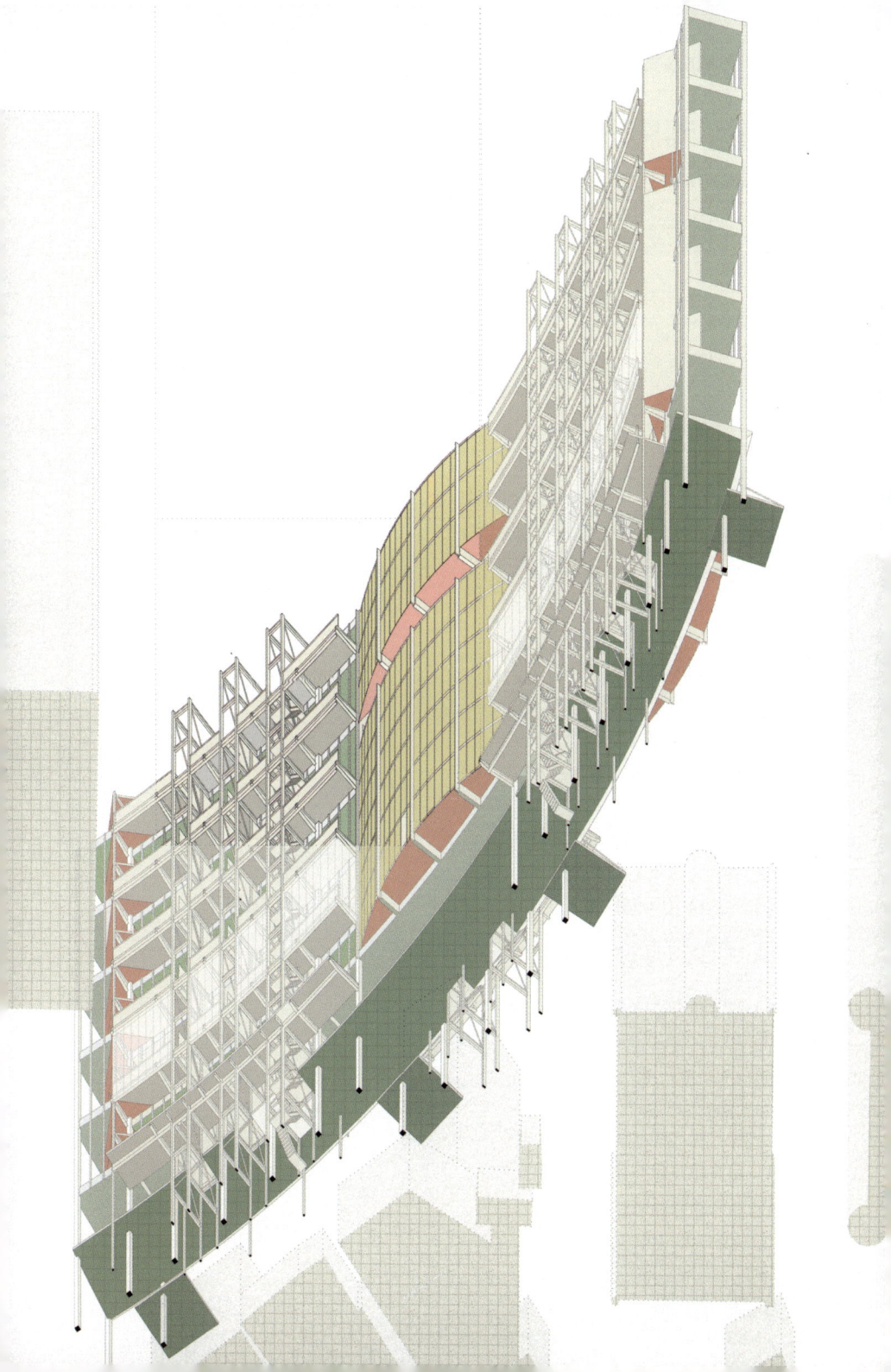

GFRP (Glass-Fiber Reinforced Plastic) & Duralumin

움직이는 캐빈의 공간 여정
Lift mechanism for the expandable space

자동차로 대표되는 미래의 모빌리티 산업은 공간으로의 진화를 목표로 한다. 이동 수단이 단순히 목적지로 향하는 도구가 아니라, 집의 일부가 바퀴 달린 모빌리티 캐빈(Mobility Cabin)이 되고, 동시에 캐빈(Cabin)이 주거 공간의 일부가 되는 '앱-로케이션 캐빈(App-location Cabin)'을 제안했다.

앱-로케이션 캐빈은 원하는 콘텐츠의 공간을 책장에서 고르듯, 필요에 따라 카세트처럼 집에 끼워 사용할 수 있는 구조다. 때로는 업무 공간으로, 때로는 파티 공간으로, 때로는 침실로 사용자가 원하는 기능에 맞춰 변화시키고 확장할 수 있는 가변적 공간으로 변모할 수 있다.

캐빈 구조는 유리 섬유 강화 플라스틱(GFRP)과 두랄루민(Duralumin) 프레임, 라미네이트(Laminated) 안전유리로 이루어지며, 배터리와 발전 설비가 일체화되어 있다. 모든 캐빈은 환기 공조 설비를 갖추고, 태양광 발전을 통해 에너지를 생산하며, 겨울에는 난방, 여름에는 냉방 설비로 확장할 수 있는 기능을 제공한다.

이러한 설계는 사용자의 공간 선택권을 넓히며, 물리적 한계를 넘어 공간을 변신 로봇처럼 유연하고 기능적으로 재해석한다.

Traditional Balcony

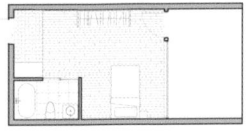

Operating Area   Dead End

Suggestion of docking Balcony

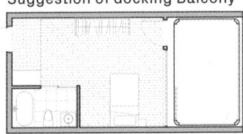

Operating Area

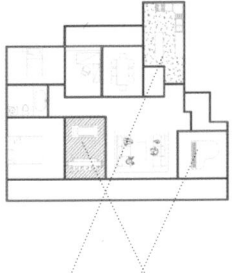

Application Cabins

Balcony - Docking Platform

1   Insulation
2   Curtain box
3   THK 3*15mm laminated safety glass
4   Application cabin docking rail on handrail
5   Application cabin docking rail on slab
6   Robot movement rail
7   I beam
8   THK 3/4"plywood raised wooden access floor
9   Light fixture
10   Water pipe
11   IPE 200
12   Insulation
13   Concrete slab foundation
14   Air duct pipe
15   Stud and track
16   THK 5/8"gypsum board

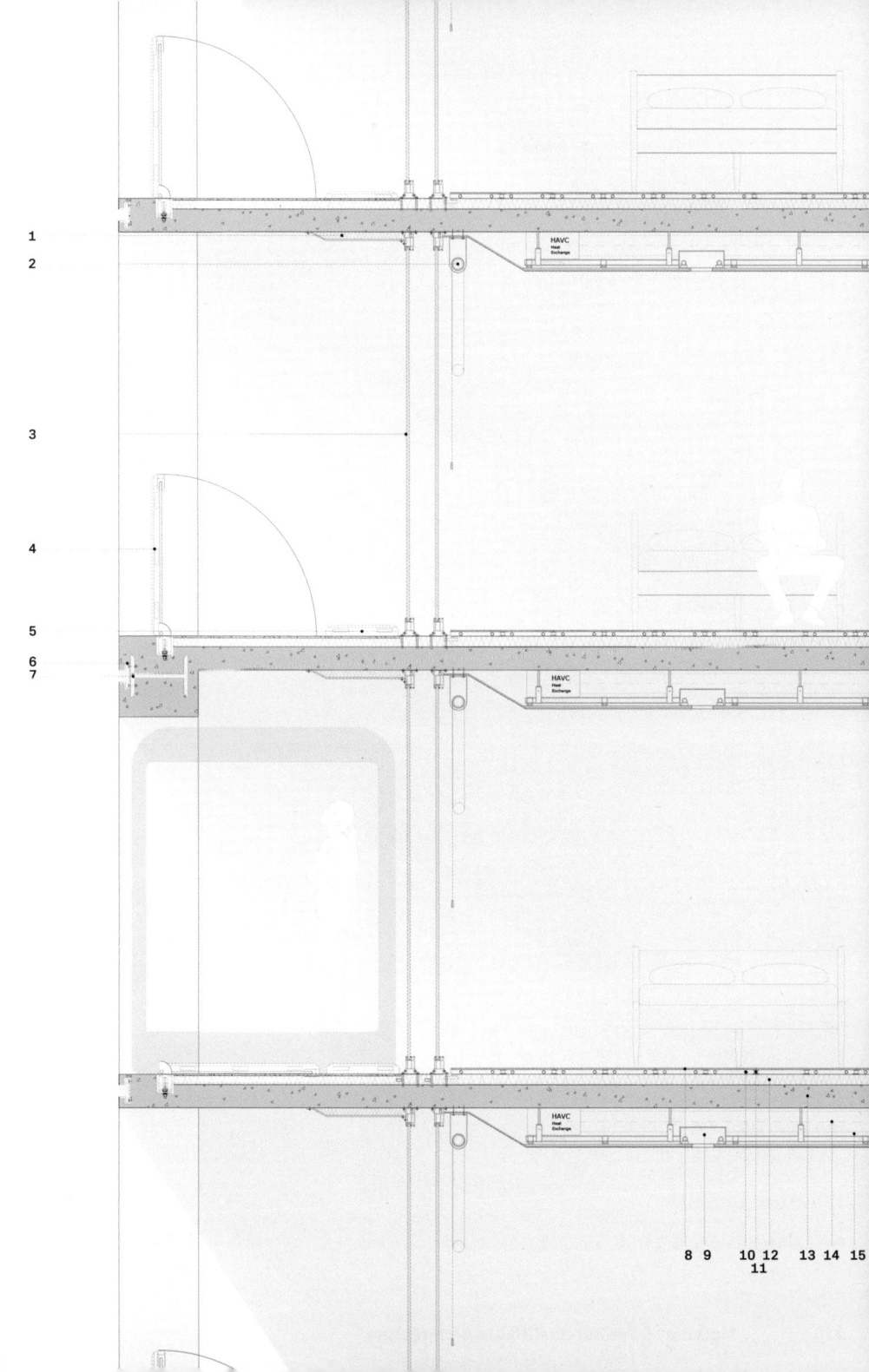

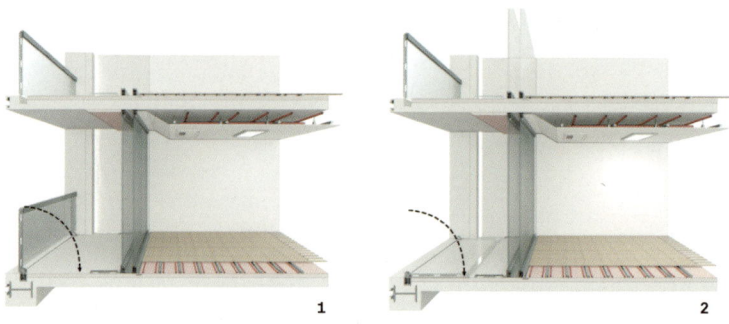

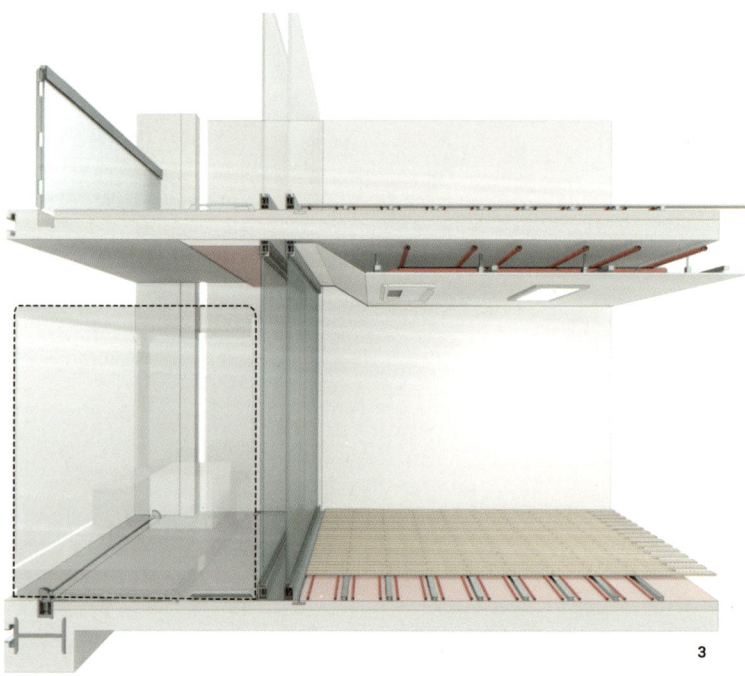

각 세대의 발코니에 다양한 기능의
캐빈 공간이 필요에 따라 결합되고
교체되어 기존 공간이 확장된다.

1   기본 상태의 방과 발코니
2   발코니 난간을 안으로 접어서 레일 구현
3   만들어진 레일을 통해 캐빈 도킹

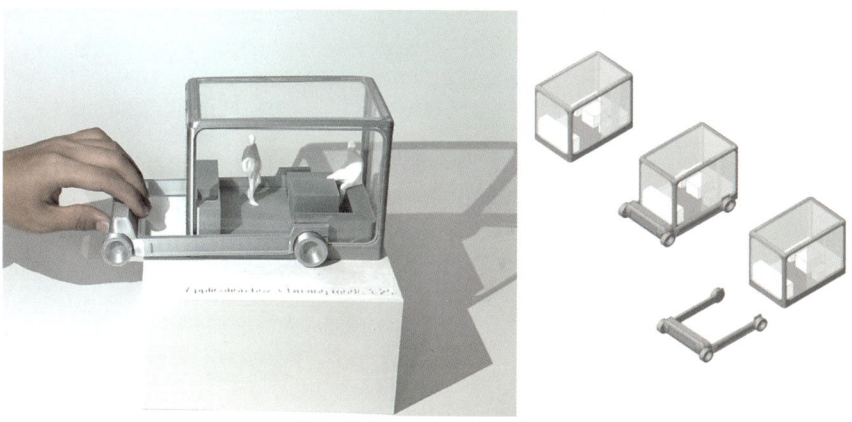

Plastic

Material Index **WOOD**

럼버(Lumber)와 팀버(Timber)

럼버와 팀버는 나무와 목재를 의미하지만, 그 용어가 사용되는 방식은 지역과 문맥에 따라 다르다.
럼버는 미국과 캐나다에서 주로 사용되며, 목재가 제재소에서 잘려서 특정 용도로 사용되기 위해 준비된 상태를 나타낸다. 2x4(두께 2인치, 폭 4인치와 같은 방식)처럼 크기가 표준화되어 건축 자재로 사용될 준비가 된 목재를 럼버라고 부르며 팀버보다는 작은 규모에 쓰이며 구조재가 아닌 판재(Panel)도 럼버라고 부르기도 한다 .
팀버는 영국 및 기타 영어권 국가에서 일반적으로 사용되는 용어이며, 때로는 아직 나무가 잘리지 않은 상태를 의미한다. 하지만 더 큰 구조적 목재를 의미하는 경우가 많으며, 특히 영국에서는 대들보나 기둥처럼 두꺼운 목재를 팀버로 부르는 경우가 많다. 건축이나 목공에 사용될 준비가 된 목재를 나타낼 때도 팀버라고 사용한다.
즉, 두 단어는 동일한 물질을 가리키지만, 사용하는 지역과 나무가 처리된 정도에 따라 다른 뉘앙스를 갖는다.

집성목(Glued-Laminated Timber)

여러 겹의 얇은 판재를 구조용 접착제(Glue)로 접합(Laminated)하여 만들어 지며 모든 나뭇결이 축 방향(길이 방향)에 평행하게 배치되는 것이 특징이다. 틀어짐이 거의 없으며 습도에 강한 구조용 공학 목재(Structural Engineered Wood)로 분류된다. 편백나무와 같은 일부 재료에서는 향(Scent)도 느낄 수 있다. 자연과 숲속에 몰입된 듯한 느낌을 제공하며 따뜻하고 자연적인 공간을 조성하는 재료다.
Page 28~43

교차 적층 목재(CLT, Cross Liminated Timber)

CLT는 나무 판재를 직각으로 교차 적층하여 강도와 내구성이 높은 공학 목재다. 콘크리트 대비 5배 가볍고, 강철보다 16배 강하며, 조립식(Pre-fabricated) 제작 방식으로 공사 기간을 단축할 수 있다. 목재는 탄소 배출이 적고 재생 가능한 소재로, 지속 가능한 재료로 평가받는다. 또한, 화재 시 표면이 탄화되어 내부를 보호하는 특성 덕분에 내화성이 우수하며, 표면 코팅 처리로 습기에 대한 저항을 높일 수 있다.
Page 44~51, 60~67, 70~73

합성 목재(Structural Composite Lumber Engineered wood)

목재 판재 또는 가루와 플라스틱 소재를 접착제로 혼합하여 제작된 합성 재료로, 틀어짐, 갈라짐, 변형이 적고 강도와 안정성이 우수하며 유지 보수가 쉽다. 원재료의 비율에 따라 목재로 또는 플라스틱 재료로 볼 수 있다. 목재 자원의 활용도를 극대화하면서 일반 목재보다 높은 수율을 자랑하며, 다양한 형태, 크기, 색상, 패턴으로 제작 가능해 유연하게 활용할 수 있다. 또한, 습기와 화재에 대한 저항이 뛰어나 장기적인 구조적 안정성을 보장하며, 재생 가능한 목재 자원을 사용해 탄소 배출량이 적어 지속 가능한 건축 자재로 인정받고 있다.
Page 52~57

Material Index **STONE & BRICK**

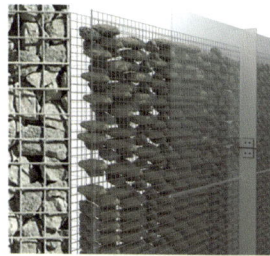

개비온(Gabion)

개비온은 철망으로 만든 상자 형태의 구조물로, 내부에 돌이나 자갈을 채워 다양한 건축 및 토목 공학 용도로 사용된다. 이 구조물은 아연 도금 강철망, PVC 코팅 철망 또는 스테인리스 철망으로 제작되어 내구성이 뛰어나며 부식을 방지하고, 최소한의 유지보수로 오랜 기간 사용할 수 있다. 물이 자연스럽게 흐를 수 있는 배수 기능이 있고, 침수와 수압 증가를 방지할 수 있다.
개비온은 자연스러운 외관을 연출할 수 있어 조경 설계나 건축 디자인에 독특한 미학적 요소로 활용 가능하다. 현지에서 채굴된 돌을 사용하는 경우 탄소 배출을 줄일 수 있으며, 환경에 긍정적인 영향을 끼친다.
설치 과정은 간단하고 효율적인 비용으로 설치가 가능해 점점 더 널리 사용되고 있다. 개비온은 단순한 구조재를 넘어 자연과 지역성을 반영하고, 친환경성과 재료의 진정성을 강조하며, 미적 요소와 기술적 기능을 조화롭게 결합한 혁신적인 건축 재료로 자리 잡고 있다.
Page 60~67, 88~93

벽돌(Brick)

벽돌은 건축에서 가장 오래되고 널리 사용되는 재료로, 주로 점토를 구워 만든 직사각형 단위다. 내구성, 열 저항성, 미적 가치를 두루 갖춘 벽돌은 건축과 토목 공학에서 중요한 역할을 한다. 점토, 석회, 플라이 애쉬 등으로 만들어지며, 고온에서 구워 강도와 내구성을 높이고, 다양한 색상과 질감을 제공해 디자인의 다양성을 살릴 수 있다.
벽돌은 압축 강도가 높아 구조적 안정성을 보장하며, 화재와 마모에도 강하다. 단열과 소음 차단 기능이 뛰어나고 재활용이 가능하며, 경제적이고 긴 수명을 자랑한다. 하지만 시공 시간이 오래 걸릴 수 있고, 습기에 약하며, 고강도 구조물에는 적합하지 않다.
벽돌은 다양한 배열 패턴(단순 적층, 헤링본, 바스켓위브 등)으로 독창적인 외관을 구현할 수 있으며, 시간이 지나도 고풍스러운 매력을 유지하여 건축물의 역사적 가치를 높일 수 있다. 이러한 특징 덕분에 벽돌은 현대 건축에서도 여전히 중요한 역할을 하며, 기능성, 미학, 그리고 지속 가능성을 결합하여 건축물에 깊은 가치를 부여하는 재료로 인정받는다.
Page 52~57, 68~75

합성 석재, 인조 석재(Engineered Stone)

원석은 생산량의 기복이 있는데 이러한 단점을 극복해 인공적으로 만들어지는 합성물이 인조 석재다. 돌 가루와 접착제를 섞어 제작하며 석재의 질감, 색 등을 조정할 수 있어 원석보다 더 높은 퀄리티의 석재를 만들 수 있다. 일반 석재보다 높은 수율을 자랑하며, 다양한 형태, 크기, 색상, 패턴으로 제작 가능해 설계 유연성을 제공한다. 고급 대리석 합성석재는 원석의 대리석 보다 색이나 질감, 내구성 등이 우수하며 가격도 더 높다. 주로 이탈리아에서 생산된다.
Page 76~87

Material Index STEEL & METAL

석출 경화형 스테인리스 스틸(PH Stainless Steel)
강도와 내식성을 동시에 제공하는 고성능 합금이다. 이 스테인리스 스틸은 열처리를 통해 미세한 석출물이 형성되며, 이를 통해 기계적 특성이 향상되고 가공성이 뛰어나 표면 마감 처리를 통해 매트(Matt)한 반사 효과를 구현할 수 있다. 항공우주, 의료장비, 고급 건축 자재 등에 사용된다.
Page 96~103

텍스처 스테인리스 스틸 패널(Textured Stainless Steel Panel)
표면에 질감이 있는 스테인리스 스틸 패널을 의미하며, 시각 감각을 더하고, 빛 반사를 줄이며, 내구성을 높이는 데 유용하다. 헤어라인 스테인리스 스틸도 그 종류 중 하나이며 표면에 미세한 선형 패턴(헤어라인)을 가공하여 거울처럼 강한 정반사를 일으키지 않고, 빛을 부드럽게 분산시켜 주변 환경의 색상과 빛을 자연스럽게 반영한다.
Page 132~139

징크 패널(Zinc Panel)
징크는 뛰어난 내구성을 자랑하며, 자연적인 부식 저항성을 가진다. 시간이 지남에 따라 표면에 형성되는 패티나는 보호 기능을 제공할 뿐 아니라 독특하고 세련된 외관을 만들어내며 징크의 산화 과정은 건축 디자인에 적합하다. 가공이 용이하여 곡선 형태를 포함한 복잡한 디자인에 적합하며, 벽체와 지붕 등 다양한 구조적 요소에 활용 가능하다.
Page 132~139

고강도 강철 인장 케이블(High-Tensile Steel Cable)
현수 구조에서 주로 활용되는 이 케이블은 일반 강철보다 약 3배 높은 강도를 가지며, 무게 대비 강도가 뛰어나 구조물의 자중을 효과적으로 줄인다. 스테인리스 스틸 또는 특수 코팅 처리를 통해 부식을 방지하여 외부 환경에서도 사용할 수 있으며, 직경은 5~160mm까지 다양하다. 이 케이블은 경량화, 하중 분산, 긴 스팬 지원 등 현대 구조 설계에 최적화된 소재다.
Page 44~51, 122~131

스페이스 프레임(Space Frame)
3D 구조 격자 시스템으로, 삼각형 모듈을 통해 하중을 균등 분산하고, 강철/알루미늄으로 제작해 자중을 감소시킨다. 내부 기둥 없이 넓은 스팬을 지원하고, 바람이나 지진 같은 외부 하중에도 안정성이 높다. 20세기 초, 알렉산더 그레이엄 벨이 처음 고안했으며, 이후 버크민스터 풀러가 기하학적 원리로 현대적 스페이스 프레임 설계와 돔 구조를 발전시켜 효율성과 미적 가치를 강조했다.
Page 76~87, 114~121

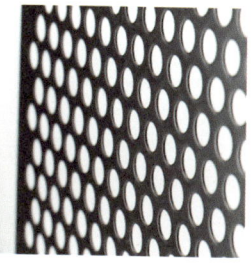

알루미늄 타공 패널(Aluminum Perforated Panel)

알루미늄 시트에 작은 구멍을 뚫어 패턴을 만드는 패널이다. 공기와 빛이 수많은 작은 구멍을 통과하도록 설계되어 유리 같은 선명함보다는 실루엣을 강조한 디자인에 적합하다. 이 소재는 가벼워서 구조물에 부담을 주지 않고, 부식에 강하며, 습기와 공기에 노출되어도 보호 산화층을 형성하여 오래 지속된다. 또한 시간이 지나도 외관의 퀄리티가 오래 지속되어 유지보수가 용이하다.

Page 106~111

Material Index **CONCRETE**

버블 데크 슬래브(Bubble Deck Slab)

철근콘크리트 슬래브의 중립축에서 불필요한 콘크리트를 제거하고, 상·하부 철근망 사이에 중공 플라스틱 볼을 삽입해 무게를 약 35~40% 감소시킨 기술이다. 철근의 인장력으로 지지 하중을 상·하부 두 방향(양축_biaxial)으로 분산시켜 보 없이도 긴 기둥 간격이 가능하며, 경량화로 건물 전체 구조와 기초설계가 간소화되고 운송 및 설치 비용이 절감된다.

Page 28~33, 104~113, 152~157

무량판 슬래브(Flat Plate Slab)

슬래브와 보가 일체화된 구조물로 강한 하중을 지지하며, 300mm 전후 두께로 일반 라멘 구조의 슬래브(120mm)보다 두껍다. 철근콘크리트로 제작되어 인장 강도가 높고, 천장 하부에 돌출 구조물이 없어 평활한 천장 공간을 제공한다. 내력벽이 없어 공간 활용도가 높지만, 라멘 구조보다 기둥 개수가 많아지므로 고층 건물에는 적합하지 않다.

Page 152~157

휘어진 슬래브(Arched Slab)

고성능 콘크리트(HPC)가 주재료이며 프리스트레스 콘크리트(Pre-Stressed Concrete, PSC)공법으로 제작한다. 바닥은 동적 하중과 집중 하중을 견딜 수 있도록 철근콘크리트(RC) 또는 PSC로 보강하며, 하중이 집중되는 영역은 추가 철근으로 강화한다. 슬래브 두께는 아치 곡률과 스팬(10m~50m 이상)에 따라 조정되며, 곡선형 거푸집은 목재, 강철, 또는 유연한 재료로 제작된다.

Page 152~157, 164~171

Material Index GLASS & CURTAINWALL

강화유리(Tempered Glass)

일반 유리보다 4~5배 더 강한 내구성과 안전성을 제공하며, 건축, 가구, 자동차 등 다양한 분야에서 널리 사용되는 소재다. 열처리 과정을 통해 표면에 압축 응력, 내부에 장력 응력을 형성해 강도를 강화한다. 급격한 온도 변화에도 견딜 수 있어 고온 및 저온 환경에 적합하지만, 절단이나 가공이 어렵기 때문에 원하는 크기와 형태로 제작한 뒤에 강화 처리가 필요하다.
Page 114~121, 174~197

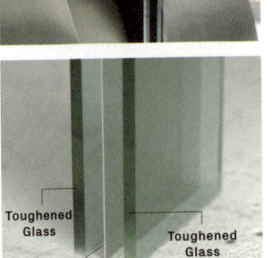

접합유리(Laminated Glass)

유리 사이에 투명한 필름을 삽입하고 압축하여 제작된 고성능 기능성 유리로, 파손 시 필름이 파편을 붙잡아 부상 위험을 최소화한다. 소음 차단, 자외선 차단, 반사 방지, 열 차단 코팅 등 다양한 기능을 제공한다. 유리 바닥, 계단, 일부 구조용 유리에서는 강화 유리와 접합 유리를 조합해 두께를 늘리거나 접합층을 추가하여 강도와 안전성을 극대화해 활용하기도 한다.
Page 114~121, 184~197

구조용 유리(Structural Glass)

투명성과 강도를 동시에 제공하면서도 구조적 하중을 지탱할 수 있는 유리다. 강화 유리와 접합 유리를 활용해 제작되어 충격과 환경적 스트레스에 강하고, 기후 변화나 외부 환경에도 우수한 내구성을 유지한다. 벽, 바닥, 천장 등 다양한 구조적 요소에 적용될 수 있고, 프레임 없는 디자인을 통해 건축물에 개방감과 현대적인 미학을 부여한다.
Page 114~121, 184~197

무철분(Iron-free) / 저철분 유리(Low Iron Glass - Ultra clear Glass)

철분함량을 최소화한 유리로, 일반 유리에서 나타난 녹색 빛을 제거해 탁월한 투명도를 제공한다. 빛 투과율이 뛰어나 선명한 시각적 효과가 필요한 곳에 적합하다. 강화 및 접합 공정을 더해 강성과 안정성을 확보한다. 철분 함량이 낮은 고순도 실리카 모래를 주원료로 하여 고투명성과 고성능을 구현한다.
Page 198~205

이중 외피 구조(Double-skin Façades)

건물 외벽을 이중 구조로 설계한 건축 구법으로, 외부 외피와 내부 외피 사이에 중공층(Intermediate Space)을 형성해 에너지 효율성과 실내 환경을 개선한다. 중공층은 공기의 흐름을 조절해 여름에는 열을 배출하고 겨울에는 보존하며, 환기구를 통해 공기 순환을 유도하여 실내 온도를 효율적으로 조절한다. 또한, 외부 소음을 효과적으로 차단해 쾌적하고 안정적인 실내 환경을 제공한다.
Page 184~197

유리 커튼월 공법(Glass Curtain-Wall System)

커튼월 공법은 건축 외벽을 기둥과 보 대신 유리와 프레임으로 구성하여 비내력벽으로 사용하는 독특한 방식이다. 이 공법은 건물의 구조적 하중을 지탱하지 않으며, 자체 하중과 바람이나 비 같은 외부 환경 하중만 견딜 수 있도록 설계된다. 유리 커튼월은 투명 유리 또는 반사 유리를 사용하여 시각적 효과를 극대화하고, 스파이더 커튼월은 프레임 없이 유리를 고정하는 방식으로 깔끔하고 개방감 있는 디자인이 가능하다. 로이(Low-E) 유리, 반사 유리, 적층 유리 등을 사용해 단열과 차음 효과를 제공한다. 유리는 고정하는 프레임은 알루미늄이 일반적으로 사용되며, 경우에 따라 강철이나 목재도 활용된다. 또한 실링(Sealing)은 실리콘과 EPDM 고무를 사용하여 방수성과 기밀성을 높일 수 있다. 다만 유리의 특성상 여름철에는 실내 온도가 상승하고, 겨울철에는 난방비가 증가할 수 있다.
Page 114~121, 190~197

Material Index PLASTIC

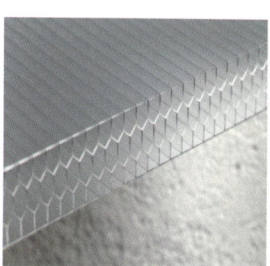

마이크로 셀 폴리카보네이트(Microcell Poly carbonate)

마이크로 셀 폴리카보네이트는 일반 폴리카보네이트 패널보다 10배 더 많은 셀을 포함하여 내구성과 강도가 뛰어나며, 외부 충격에도 강하다. 이 소재는 빛을 고르게 확산시켜 자연광을 효과적으로 활용된다. 투명, 반투명, 불투명 등 다양한 색상과 마감 처리가 가능하며, 경량 소재로 제작되어 설치가 간편하고, 건물의 하중을 줄이는 데 도움이 된다.
Page 208~215

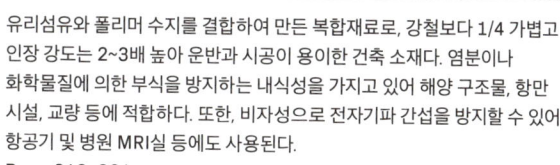

유리섬유 강화 플라스틱
(GFRP, Glass Fiber Reinforced Polymer)

유리섬유와 폴리머 수지를 결합하여 만든 복합재료로, 강철보다 1/4 가볍고 인장 강도는 2~3배 높아 운반과 시공이 용이한 건축 소재다. 염분이나 화학물질에 의한 부식을 방지하는 내식성을 가지고 있어 해양 구조물, 항만 시설, 교량 등에 적합하다. 또한, 비자성으로 전자기파 간섭을 방지할 수 있어 항공기 및 병원 MRI실 등에도 사용된다.
Page 216~221

Project List

WOOD

책으로 향하는 산책길 | 노진선
A walkway to books by wooden joinery structure | JINSEON NOH

깔때기 구조를 활용한 천창과 놀이 공간 | 이정준
Funnel and inverted funnel | JEONGJOON LEE

박제되지 않은 문화재 공간 | 임래건
Alive historical heritage by CLT & Tensile wire | RAEGAN LIM

하늘과 별이 보이는 숲속 노천탕 | 최상도
A forest open-air thermal bath offering the starry sky views | SANGDO CHOI

STONE & BRICK

개비온을 활용한 조각된 빛의 공간 | 박채완
Scattered light through Gabion & Timber | CHAEWAN PARK

사람과 동물을 이어주는 붉은 산책로 | 박진용
Promenades with nature-friendly cladding | JINYONG PARK

관계의 밀도를 높이는 원형 공간 | 배동혁
Dome space for dense relationship | DONGHYUK BAE

돌을 쌓아 만드는 도시풍경 | 기석현
Gabion façades responding to urban context | SEOKHYUN KI

STEEL & METAL

빛의 산란을 활용한 경계 없는 공간 | 최용
Borderless space by light reflection | YONG CHOI

빛으로 만드는 홍대 거리 중심성 | 김회민
Centrality realm lit by perforated panel façades | HOEMIN KIM

기능을 고려한 비정형 공간 | 배동혁
Optimized space volume by free form | DONGHYUK BAE

기둥을 최소화하는 현수 구조 | 전종률
Minimized columns by suspension structure | JONGRYUL JEON

외부를 닮고 싶은 내부 공간 | 김태훈
Echoing space by textured stainless steel ceiling | TAEHOON KIM

CONCRETE

수평 확장된 커뮤니티 공간 | 김희민
Growing community by flat concrete slab | HOEMIN KIM

완만한 물결이 만드는 놀이 공간 | 이준호
A spectrum of space shaped by undulated roof | JUNHO LEE

차경으로 계절의 변화를 담는 공간 | 이예원
Borrowed scenery space by 30m Ribbon open cut | YEWON LEE

휘어진 공간과 빛의 경험 | 이재영
Static and dynamic spaces maximized by curved slab | JAEYOUNG LEE

GLASS

빛의 반사로 석양을 담은 입면 | 주현규
Sunset reflected on corrugated glass façades | HYUNKYU JOO

소리에 집중하는 공간 | 노혜진
Sound insulation by double skin structure | HYEJIN NOH

도시의 새로운 풍경을 만드는 기울어진 파사드 | 이동주
Slanted façades for vibrant urban scenery | DONGJU LEE

선명한 풍경의 공간 | 곽지민
Borrowed scenery by crystal clear glass façades | JIMIN KWAK

PLASTIC

조명이 된 도시 속 입면 | 배상훈
Urban lanterns glowing with polycarbonate | SANGHOON BAE

움직이는 캐빈의 공간 여정 | 조하연
Lift mechanism for the expandable space | HAYEON CHO

Epilogue

건축은 언제나 감각과 거리를 두기 어렵습니다. 재료는 눈에 보이는 물성과 동시에, 손끝에 스며드는 온도이자 시간의 흔적이며, 그 자체로 공간의 분위기를 결정짓는 미묘한 언어가 되기도 합니다. 작은 단면 하나, 디테일 하나에서 시작된 질문은 때로 큰 구조와 연결되기도 하고, 때로는 사소한 틈에서 공간의 본질을 드러내기도 합니다.
우리 사회는 점점 더 복잡하고 다층화되고 있으며, 건축 역시 단일한 해법보다는 다양한 관점과 깊이 있는 탐구를 필요로 합니다.
연세대학교 건축공학과는 단순히 '설계할 줄 아는 사람'을 넘어, 스스로 문제를 발견하고 감각의 언어로 응답할 수 있는 전문가를 길러내고자 합니다. 건축을 통해 질문을 던질 수 있는 사람, 그것이야말로 이 시대의 건축가가 갖추어야 할 중요한 역량이라 믿습니다.
이러한 교육 철학은 연세대학교 건축학 프로그램 체계에 반영되어 있으며, 실험적 교육 플랫폼인 스튜디오-X를 통해 구체화되고 있습니다. 스튜디오-X에서는 각 유닛마다 고유한 주제가 설정되며, 학생들은 그중 하나를 선택해 자신의 관심에 따라 설계적 탐구를 수행합니다. 선택한 주제를 바탕으로 튜터와의 밀도 있는 대화와 비판적 실험을 이어가며, 이를 통해 자신만의 건축 언어를 정립해 나갑니다.

성주은, 염상훈_ Y.A.R.D

『공간을 감각하는 재료들』은 노형준이 진행한 '건축 재료' 수업의 결과물로, 스튜디오-X와 긴밀히 연계된 교육 흐름 안에서 기획되었습니다. 이 수업은 스튜디오-X 수업에서 이루어진 설계 결과물들을 출발점 삼아, 학생 각자가 관심 있는 재료적 주제를 선택하고 이를 확장해 나가는 방식으로 진행되었습니다. 학생들은 재료를 단순한 물질이 아닌, 공간의 분위기와 경험을 형성하는 하나의 언어로 사유하며, 그 구체적 매개를 통해 감각과 개념, 기술과 사유의 경계를 넘나들고, 각자의 방식으로 건축을 새롭게 감각하고 질문하려는 시도를 펼쳐 보았다고 생각됩니다. 이러한 질문과 실험, 생각과 실천이 이 책을 통해 조용히 전해지기를 바라며, 건축을 새롭게 감각하고 사유하고자 하는 이들에게 잔잔한 울림으로 남기를 바랍니다.

감각은 때때로, 말보다 더 멀리 닿는 언어이기 때문입니다.

공간을 감각하는 재료들
Materials & Spatial Qualities in Architecture

초판 1쇄 발행	2025년 6월 16일
초판 2쇄 발행	2025년 8월 27일
지은이	노형준 + Y.A.R.D
기획	연세대학교 건축공학과
편집	바이블랭크
디자인	그래픽스튜디오베이스
편집 도움	연세건축 작업실 TEAM CON
	배상훈, 이혜연, 오정민, 한경준, 이서현, 안형석, 한은서, 권동현, 황수진
제작	모던피앤피
펴낸곳	바이블랭크(@by__blank)
출판등록	2022년 3월 4일 / 제2022-000024호
주소	서울시 성북구 아리랑로 6다길 6
이메일	byblank.byeditor@gmail.com
ISBN	979-11-979226-8-8
값	23,000원

* 이 책은 연세대학교 건축공학과 '건축 재료' 수업을 수강한 학생들의 참여로 출판할 수 있었습니다. 개별 프로젝트의 저작권은 학생 개인에게 있습니다.
* 이 책은 저작권법에 의해 보호받는 저작물이므로 무단전재와 복제를 금합니다.
* 이 책 내용의 전부 또는 일부를 이용하려면 저작권자와 바이블랭크의 서면동의를 얻어야 합니다.

후원 JOOSUNG DESIGNLAB 주성디자인랩(주), 국토교통부 KAIA 건축설계인재육성사업 2024